essentials

essentials liefern aktuelles Wissen in konzentrierter Form. Die Essenz dessen, worauf es als „State-of-the-Art" in der gegenwärtigen Fachdiskussion oder in der Praxis ankommt. *essentials* informieren schnell, unkompliziert und verständlich

- als Einführung in ein aktuelles Thema aus Ihrem Fachgebiet
- als Einstieg in ein für Sie noch unbekanntes Themenfeld
- als Einblick, um zum Thema mitreden zu können

Die Bücher in elektronischer und gedruckter Form bringen das Expertenwissen von Springer-Fachautoren kompakt zur Darstellung. Sie sind besonders für die Nutzung als eBook auf Tablet-PCs, eBook-Readern und Smartphones geeignet. *essentials:* Wissensbausteine aus den Wirtschafts-, Sozial- und Geisteswissenschaften, aus Technik und Naturwissenschaften sowie aus Medizin, Psychologie und Gesundheitsberufen. Von renommierten Autoren aller Springer-Verlagsmarken.

Weitere Bände in der Reihe http://www.springer.com/series/13088

Regine Grafe

Umweltgerechtigkeit: Wissens- und Bildungserwerb, Teilhabe und Arbeit

Zusammenhang, Verantwortung und Stellschrauben

Regine Grafe
Ludwigsfelde, Deutschland

ISSN 2197-6708 ISSN 2197-6716 (electronic)
essentials
ISBN 978-3-658-32097-3 ISBN 978-3-658-32098-0 (eBook)
https://doi.org/10.1007/978-3-658-32098-0

Die Deutsche Nationalbibliothek verzeichnet diese Publikation in der Deutschen Nationalbibliografie; detaillierte bibliografische Daten sind im Internet über http://dnb.d-nb.de abrufbar.

Planung/Lektorat: Daniel Fröhlich
Springer Vieweg ist ein Imprint der eingetragenen Gesellschaft Springer Fachmedien Wiesbaden GmbH und ist ein Teil von Springer Nature.
Die Anschrift der Gesellschaft ist: Abraham-Lincoln-Str. 46, 65189 Wiesbaden, Germany

Was Sie in diesem *essential* finden können

- Darstellung der Zusammenhänge von Bildung und Sozialisation und deren Einfluss auf Teilhabe in einer zunehmend pluralen Gesellschaft
- Einen Einblick in die Zusammenhänge von antizipatorischer, formaler- und non-formaler Bildung auf die Chancengleichheit beim Wissens- und Befähigungserwerb
- Eine differenzierte Betrachtung des Umgang mit den Begriffen Wissen und Bildung
- Einen Ausblick auf die rasante Veränderung der Arbeitswelt und der damit sich ändernden Arbeitsmodelle
- Eine differenzierte Darstellung von Wissensgesellschaft und Informationsgesellschaft

Inhaltsverzeichnis

1 Sozialraumbezogene Umweltgerechtigkeit

1.1 Reflexionen zum Begriff Gerechtigkeit

Recht und Gerechtigkeit „Recht und Gerechtigkeit sind nicht deckungsgleich. Während beim eigenen Gerechtigkeitsverständnis ein moralisches Subjekt selbst entscheidet, was es aufgrund bestimmter Prinzipien als gerecht annehmen möchte, ist das Recht gesetzt. Recht gilt". (Funke 2017)

Das Verhältnis von Recht und Gerechtigkeit wird in vielen sozialen Beziehungen aber auch in vorstrukturierten Systemen infrage gestellt. Es begegnet sich Rechtsempfinden und gesetzte Recht, wobei letzteres häufig als ungerecht empfunden wird. Recht und Gerechtigkeit sind in vielen Bereichen des Lebens und dessen Umweltbeziehungen strapazierte Begriffe. Nicht immer sind sie im Diskurs um eine Sache oder Sachlage wirklich zielführend. Bereits in der Antike haben sich die allseits bekannten Philosophen wie *Platon*[1] oder *Aristoteles*[2] mit dem Begriff der Gerechtigkeit und deren Bedeutung für das Miteinander in der menschlichen Gesellschaft befasst, ohne eine abschließende Definition dafür zu finden. Die Splittung von Gerechtigkeit in verschiedene Ordnungssysteme wie soziale Gerechtigkeit, Bildungsgerechtigkeit, Zugangsgerechtigkeit, Energiegerechtigkeit, Umweltgerechtigkeit und weitere hat zwar Wirkungsfelder aufzeigen können aber es nicht vermocht, eine allgemeingültige Beschreibung des Umgangs und der Bewertung von gerecht und Gerechtigkeit und damit von ungerecht und Ungerechtigkeit zu formulieren. Die Fokussierung des Gerechtigkeitsansatzes

[1]Platon (428/427 v. Chr. bis 348/347 v. Chr.): griechischer Philosoph.

[2]Aristoteles (384 v. Chr. bis 322 v. Chr.): griechischer Philosoph.

R. Grafe, *Umweltgerechtigkeit: Wissens- und Bildungserwerb, Teilhabe und Arbeit,* essentials, https://doi.org/10.1007/978-3-658-32098-0_1

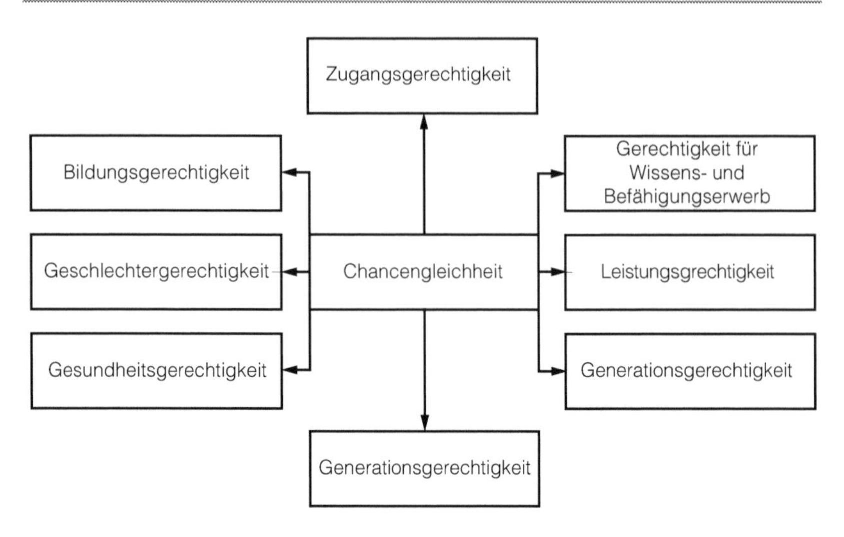

Abb. 1.1 Chancengleichheit und Gerechtigkeitsansätze – eine Auswahl. (Nach Hradil 2016)

auf soziale Bedingungen und Zustände, der ein ausgewogenes empathisches wenn auch abstraktes Modell von Gerechtigkeit umfasst, ist auf eine moralisch begründete Verteilung von Ressourcen, Gütern, Lasten und Beschwernissen gerichtet (vgl. Abb. 1.1). Derartige Ansätze sind bereits in den Schriften frühchristlicher Bewegungen bis hin zu den Theorien der utopischen Sozialisten zu finden (Hautmann 2002).

Während das normative Recht für alle gilt, wird Gerechtigkeit in verschiedenen sozialen Strukturen unterschiedlich empfunden. Der Grund dafür liegt darin, das Gerechtigkeitsempfinden von der Sozialisation der Menschen abhängig ist, weil die Lebensumwelt maßgeblichen Einfluss auf das Gerechtigkeitsempfinden hat, welches durch antizipieren von Gewohnheiten und Lebensumständen in unterschiedlichen sozialen Räumen entsteht. Prägend sind dabei die Sozialisierung in der Familie, in der dörflichen oder städtischen Gemeinschaft, einer Religionsgemeinschaft oder auch der Bildungs- und Arbeitswelt, sozusagen der jeweiligen Lebensumwelt. Unterschiedliche Sozialisierungsphasen führen dazu, dass Gerechtigkeit und Ungerechtigkeit unterschiedlich bewertet werden. Je heterogener eine Gesellschaft im Sinne einer Sozietät ist, desto komplexer wird

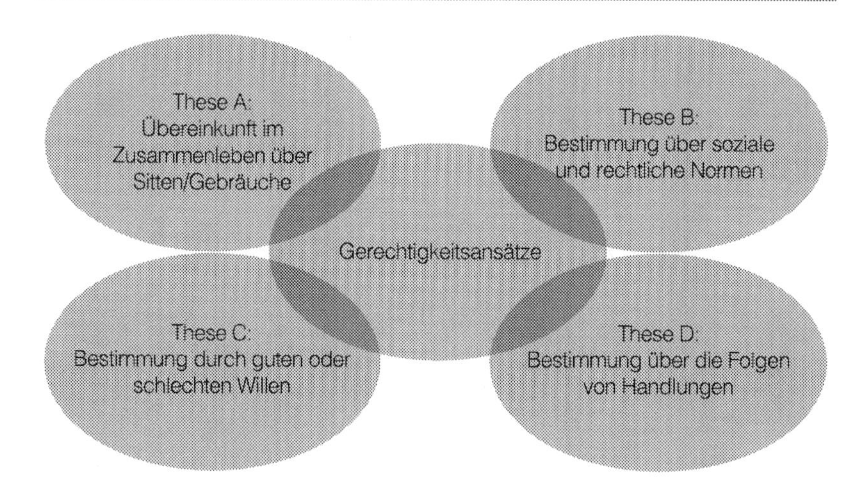

Abb. 1.2 Ausgewählte philosophische Thesen zum Gerechtigkeitsbegriff – ein Überblick (vereinfacht nach Funke 2017)

der Gerechtigkeitsbegriff reflektiert und umso anspruchsvoller formuliert. Die Kumulation von verschiedenen willkürlich ausgewählten philosophischen Thesen zu Gerechtigkeit, in der Abbildung als A, B, C, und D geordnet, zeigt, dass die Quintessenz der Vision *Gerechtigkeit* sich in einer Pluralität von normiertem Recht und Rechtsempfinden wiederfindet (vgl. Abb. 1.2).

Häufig wird die Schnittstelle zum Rechtsbegriff als verpflichtend gesetztes Recht in den Gerechtigkeitsbegriff einbezogen. Gerechtigkeit und Chancengleichheit werden häufig gleichbedeutend verwendet. Sie stehen gleichwohl in einem unmittelbaren Zusammenhang, der auch die Begriffe Grundrecht bzw. Grundrechte impliziert.

> Grundrechte sind grundlegende Freiheits- und Gleichheitsrechte, die der Staat Individuen zugesteht. Sie verpflichten den Staat und berechtigen Private.

Grundrechte stellen einen verbindlichen Rechtsrahmen für die Nutzung von Normen, der das gesellschaftliche Leben organisiert, dar. So gibt es verschiedene disziplinbezogene Grundrechte, wie Recht auf freie Entfaltung der Persönlichkeit, auf Religionsfreiheit und weitere[3]. Das bedeutet: Grundrechte schließen Chancengleichheit ein.

> „Das Grundrecht auf Bildung beinhaltet die gerechten Zugangs-, Teilhabe- und Entwicklungschancen im Bildungssystem". (Gast 2020)

Der Staat ist nach Grundrecht verpflichtet, Chancengleichheit für die Entfaltung der Persönlichkeit zu schaffen[4].

Gerechtigkeit und Verantwortung

Erstaunlicherweise finden in der philosophischen Betrachtung von Gerechtigkeit zwar der Wille und die Folgen für Tun und Handeln eine Entsprechung, nicht aber die Verantwortung. Es fehlt die Frage danach, inwieweit die Übernahme von Verantwortung für das Tun und Handeln im Geflecht von Gerechtigkeit und normiertem Recht von Bedeutung ist. Wird dieser Zusammenhang betrachtet, erschließt sich Gerechtigkeit mit Verantwortung für Tun und Handeln[5]. Verantwortung übernehmen heißt somit, Gerechtigkeit anzustreben. In der These B, vgl. Abb. 1.2, spiegelt sich der Ruf auf die Verantwortung des Staates wider – also der Ruf nach normiertem Recht. Gleichzeitig bedeutet das aber, dass der Einzelne sich seiner eigenen Verantwortung entledigt bzw. entledigen kann. Er transformiert seine Ansichten von Gerechtigkeit auf ein politisches Gebilde, das seiner Auffassung nicht gerecht wird, obwohl es das möglicherweise nicht kann. Gleichzeitig bedeutet es, dass er sich ungerecht behandelt fühlt oder die Handlungen des Staates als ungerecht empfindet. Die inflationäre Verwendung der Begriffe Gerechtigkeit und Ungerechtigkeit macht es Einzelnen oder auch Gruppen leicht, sich der Verantwortung für ihr eigenes Tun und Handeln zu entziehen und sich eigenen Gerechtigkeitsbeziehungen hinzugeben. Als Beispiel sei dafür der Umgang mit Vorsorgemaßnahmen im Gesundheitsbereich zu nennen, die anberaumt werden, um Infektionskrankheiten zu minimieren bzw. zu verhindern. Hier steht die Frage ist es gerecht, dass um des Rechtes Willen Einzelner möglicherweise andere Menschen stark beschädigt werden? Das betrifft z. B. die Verweigerung von Impfungen wie die gegen Masern, Influenza,

[3]Zur weiteren Vertiefung wird auf das Grundgesetz der Bundesrepublik Deutschland verwiesen.

[4]Zur Vertiefung wird auf Grafe Umweltgerechtigkeit: Aktualität und Zukunftsvision (2020) verwiesen.

[5]ebd.

Kinderlähmung (Poliomyelitis) etc. Im Fokus derartiger Betrachtung muss auch die Balance von Risikoabschätzung für den Einzelnen und für die Gesellschaft stehen. Wieviel nimmt der Eine zum eigenen Vorteil billigend in Kauf, wie groß oder klein der individuelle Vorteil auch immer sei? Wie hängen Risikokompetenz, Wissen, Bildung und Gerechtigkeitsempfinden zusammen? Fragen, die sich im Zusammenhang mit aktuellen gesellschaftlichen Entwicklungstendenzen wie Singularisierung, Pluralisierung und Entsozialisierung stellen[6].

Kurzer historischer Abriss zur Philosophie der Gerechtigkeit „Gerechtigkeit ist die Grundlage für ein vollendetes Gemeinwesen". (Funke 2017 in Platon, 1989 433e)

Allerdings waren die gesellschaftlichen Strukturen zu *Platons* Zeiten bei weitem nicht derartig komplex wie derzeit. Die antiken gesellschaftlichen Strukturen der damaligen Zeit werden aus heutiger Sicht als eine Gesellschaft mit drei Strukturebenen bezeichnet[7]. Bereits *Aristoteles* formuliert die Bedeutung von Sozialisation für die Befähigung der Menschen. Er sieht in ihr die Tugend als das Maß für Gerechtigkeit. Aus heutiger Perspektive betrachtet, könnte geschlussfolgert werden, dass Aristoteles mit Tugend die Eigenverantwortung bezeichnet. Während die Gerechtigkeitsbeziehungen in der Antike auf organisierten Gemeinwesen fundieren, entstehen mit dem Liberalismus im 17. Jahrhundert die Bewegungen um individuelle Freiheit, die bis heute, wenn auch in anderen Ausdrucksformen, noch nachwirkt. Vertreter dieser philosophischen Richtung ist neben dem Gründer des Liberalismus *Locke*[8] unter anderen auch *Keynes*[9] mehr als hundert Jahre später. Auch *Wilhelm von Humboldt*[10], der sich insbesondere der Bildung und freiheitlichen Entfaltung der Menschen verschrieben hatte, war ebenfalls vom Liberalismus des 18. Jahrhunderts beeinflusst. Auch er widmete sich dem Gerechtigkeitsanspruch: Bildung für alle – eine Forderung, die auch heute noch besteht. Mit der Aufklärung und den zunehmenden Erkenntnissen

---

[6]ebd.

[7]Antike Gesellschaftsstruktur zu Zeiten Platons: Regentenebene, Sicherheitsebene und Bürgerebene.

[8]John Locke (1632–1704): Philosoph und Universalgelehrter.

[9]John Meynard Keynes (1883–1946): Wirtschaftswissenschaftler und Namensgeber des Keynianismus.

[10]Wilhelm von Humboldt (1767–1732): Philosoph, beschäftigte sich mit Gerechtigkeitsansätzen.

im Bereich der Naturwissenschaften entwickelten sich auch in den Geisteswissenschaften neue philosophische Ansätze. Am bekanntesten ist in diesem Zusammenhang *Kant*[11] mit dem von ihm begründeten *„Kategorischen Imperativ“* als Prinzip des Willens. *Hegel*[12] legte mit der *„Enzyklopädie der philosophischen Wissenschaften“* (1817) und mit der Schrift *„Die Dialektik der logischen Vernunft“* die Basis für die damalig zeitgemäßen philosophischen Betrachtungen von Verstand, Vernunft und die dazu gehörenden Widersprüche, die er logisch zu verknüpfen suchte. Wenn die Nutzung des Verstandes als Verantwortung interpretiert wird, geht es auch in den Überlegungen von Hegel um Gerechtigkeit. Der von *Marx*[13] und *Engels*[14] im 19. Jahrhundert entwickelte *Dialektische Materialismus* bezieht in die Dialektik der Widersprüche die materiellen Grundlagen des Seins ein – das bedeutet aus heutiger Sicht: die sozioökonomischen Verhältnisse. Damit war die Basis für den Dialektischen Materialismus geschaffen. Anders als Hegel bestimmt nach Marx nicht der Geist das Sein, sondern das Sein den Geist. Der Widerspruch vereint nicht zwei Gegensätze zu einem höheren Dritten wie bei Hegel, sondern löst einen Prozess der Durchsetzung durch Tun aus. Marx sieht das Tun als Triebkraft für die Entwicklung der menschlichen Geschichte an. Gerechtigkeit kann nach Marx nur durch die Lösung antagonistischer Widersprüche in den herrschenden gesellschaftlichen Verhältnissen erreicht werden (Marx 1845). Im 20. und 21. Jahrhundert beschäftigte sich *Habermas*[15] mit dem normativen Recht und in diesem Zusammenhang mit der Bedeutung des Diskurses als wesentliche Triebkraft für die Entwicklung der Gesellschaft. Mit seiner *Theorie des kommunikativen Handelns* (1981) verweist er auf die Bedeutung des normativen Rechts als das Ergebnis eines sich ständig wiederkehrenden kommunikativen Prozesses. Das bedeutet, dass der kommunikative Prozess als eine Auseinandersetzung im Rahmen eines Diskurses in der Gesellschaft die Formulierung des normativen Gesetzes bewirkt[16]. Die von *Habermas* und anderen in den Fokus gerückte Kommunikationskultur

[11]Immanuel Kant (1724–1804): Philosoph.

[12]Georg Friedrich Wilhelm Hegel (1770–1831): Philosoph.

[13]Karl Marx (1818–1883): Philosoph und Mitbegründer des Dialektischen Materialismus.

[14]Friedrich Engels (1820–1895): Philosoph und Mitbegründer des Dialektischen Materialismus.

[15]Jürgen Habermas (1929 bis dato): Philosoph und Soziologe, Begründer der neuen Diskurskultur.

[16]Zur Vertiefung wird auf Grafe Umweltgerechtigkeit: Aktualität und Zukunftsvision (2020) verwiesen.

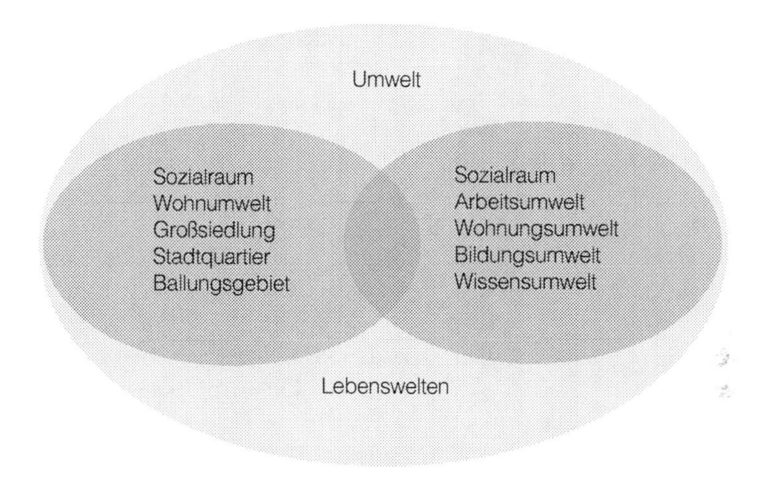

Abb. 1.3 Sozialräumlicher Bezug des ganzheitlichen Umweltbegriffs

basiert auf einem Teilhabeprinzip, welches eine Kommunikationskultur erst möglich macht Abschn. 2.3. Darüber hinaus haben die von ihm aufgeworfenen Fragen zum Themenfeld des ethischen Handelns das Entstehen verschiedener Ethikbeziehungen provoziert, deren Aktualität bis heute fortwirkt. Dazu gehören die Sozialethik, Bioethik, Medizinethik und weitere, die jede für sich die Verantwortung für das jeweilige Tun widerspiegeln, sodass die Verantwortungsethik als Basis für das Tun zu begreifen ist und dass sie sich sowohl im normativen Recht als auch im Gerechtigkeitsempfinden abbilden kann (Martin 2002).

1.2 Reflexionen zum Begriff einer ganzheitlichen Umweltgerechtigkeit

Umwelt, Umweltgerechtigkeit, Umweltgerechtigkeitsansatz „Der ganzheitliche Umweltgerechtigkeitsansatz umfasst sowohl sozialräumliche Gegebenheiten von Wohnen und Wohnumfeld als auch sozioökonomische Belange der Menschen, die sich aus deren Sozialisation ableiten". (Grafe 2020)

Mit der Entstehung der Umweltgerechtigkeitsbewegung in den USA in den frühen sechziger Jahren des 20. Jahrhundert haben sich weltweit Aktivitäten zum Schutze der natürlichen Ressourcen aber auch zur Vermeidung von gesundheitsrelevanten Beeinflussungen der menschlichen Gesundheit etabliert. Der Zusammenhang von Soziökonomie, Gesundheitsbelastungen und Chancenungleichheit wurde deutlich[17]. Mit der Erweiterung des Begriffs *Umwelt* um die sozialen Räume Wohnraum, Wohnumfeld, Arbeitswelt inkl. Bildungs- und Ausbildungsräume wird dem Umweltgerechtigkeits- und damit dem Gesundheitsgerechtigkeitsansatz entsprochen[18]. In der Abb. 1.3 sind die sozialen Räume, die der ganzheitliche Ansatz für Umweltgerechtigkeit umfasst, dargestellt.

Ausgehend vom Konzept „Der Soziale Raum", formuliert von *Bourdieu*[19], sind sozialräumliche Beziehungen im Kontext von Umweltbeeinflussung und Umwelteinwirkungen zu beleuchten. Die Transformation des Konzeptes „Der Sozialer Raum" ist auf den allumfassenden Raum der Umwelt anwendbar und genügt dem aktuellen Diskurs um Umwelt- und Klimaschutz. Die mit Beginn der 1990er Jahre untersuchten Zusammenhänge von Sozioökonomie und sozialräumlichen Strukturen in Städten und insbesondere in Großraumsiedlungen mit der physische und psychische Gesundheit der Menschen, geben deutliche Hinweise darauf, dass auch die Entwicklung von kognitiven Fähigkeiten bei Kindern und jungen Erwachsenen beeinträchtigt werden können[20]. Der Einfluss der soziökonomischen Verhältnisse in den Familien und der Wohnumwelt als Sozialraum auf Gesundheits- und Bildungschancen, Teilhabe und Kommunikation sowie Zugang zu Ausbildung und Studium ist deutlich[21]. Die unter dem Gesichtspunkt Gesundheitschancen und Gesundheitsgerechtigkeit untersuchten sozialräumlichen Bedingungen haben gezeigt, dass es eine Dysbalance zwischen einkommensschwachen Bevölkerungsgruppen und einkommensstarken gibt (Bunge 2012). Steht im Fokus dieser Betrachtung der Zusammenhang von sozioökonomisch geprägten Lebensverhältnissen mit Bildung und Wissenserwerb, ergibt sich eine unmissverständliche Analogie. Ob diese Fragen zur Gerechtigkeit direkt Bildungsgerechtigkeit implizieren, bedarf einer Klärung. Es ist zu fragen, ob es gleiche, d. h. ökonomisch unabhängige Möglichkeiten des Zugangs und der Teilhabe an Bildung und Wissen gibt, und ob dafür verbindliche gesellschaft-

[17]ebd.

[18]Zur Vertiefung wird auf Grafe Umweltgerechtigkeit – Wohnen und Energie (2020) verwiesen.

[19]Pierre Felix Bourdieu (1930–2002): Soziologe und Philosoph (École Pratique des Hautes Études en Sciences Sociales Paris).

[20]Zur Vertiefung wird auf Grafe Umweltgerechtigkeit – Wohnen und Energie (2020) verwiesen.

[21]ebd.

liche Rahmenbedingungen geschaffen sind. Institutionell ist der Knoten aus individuellen oder gruppenbezogenen psychosozialen, kognitiven und verhaltensspezifischen Gegebenheiten mit sozioökonomischen Bedingungen nicht zu lösen.

2 Umweltgerechtigkeit: Sozialisation, Bildung und Teilhabe

> „Soziale Herkunft ist und bleibt bildungsprägend und sie lässt sich offensichtlich nur in einem begrenzten Umfang durch staatliche Maßnahmen beeinflussen. Das soziale und kulturelle Kapital, das Eltern ihren Kindern mitgeben, stellt einen wesentlichen Faktor ihres Bildungserfolges dar". (Ladenthin 2008)

In einer umfassenden Studie über Chancengleichheit in den USA haben *Jenks*[1] und in Frankreich *Bourdieu* und *Passeron*[2] zur Illusion der Chancengleichheit in ihrem Buch „Les héritiers" (dtsch. Die Erben) gezeigt, dass die Schule zwar ein sozialer Raum im Sinne Bourdieus ist, aber die soziale Herkunft der Kinder nicht kompensieren kann (Ladenthin 2008).

Mit der Umweltgerechtigkeitsbewegung und den Forschungsergebnissen zu Umweltgerechtigkeit bzw. zu umwelt- und gesundheitsrelevanter Chancengleichheit für Kinder, Jugendliche und Erwachsene ist die Abhängigkeit von sozialräumlichen Gegebenheiten deutlich geworden[3].

Umweltgerechtigkeit, Bildungsgerechtigkeit und Zugangsgerechtigkeit
Ausgehend vom ganzheitlichen Ansatz zur Umweltgerechtigkeit müssen die Begriffe Bildungsgerechtigkeit und Zugangsgerechtigkeit neu hinterfragt und

---

[1]Christopher Joseph Jenks (Universität South Dakota) Bildungswissenschaftler – Multikulturalismus, kritische Rassentheorie, Postkolonialismus, Neoliberalismus und weitere

[2]Jean-Claude Passeron (1930): Soziologe und Philosoph (École Pratique des Hautes Études en Sciences Sociales Marseille).

[3]Zur Vertiefung wird auf Grafe Umweltgerechtigkeit: Aktualität und Zukunftsvision (2020) verwiesen.

R. Grafe, *Umweltgerechtigkeit: Wissens- und Bildungserwerb, Teilhabe und Arbeit,* essentials, https://doi.org/10.1007/978-3-658-32098-0_2

eindeutig zugeordnet werden. Die Umweltgerechtigkeit fand ihre Entsprechung in der sozialräumlichen Untersuchung der Chancengleichheit in Bezug auf den Gesundheitsschutz bzw. der Gesundheitsbelastung[4]. Dabei standen Chancengleichheit und Chancenungleichheit unter Einbeziehung von sozialräumlicher und soziökonomischer Situation der Menschen im Fokus der Untersuchung und verweisen auf Kausalitäten. Zweifelsohne werden Ungerechtigkeiten und Chancenungleichheit sozialen Ursprungs im Bildungswesen in Deutschland, wie auch in vielen anderen europäischen und nicht europäischen Ländern, gefühlt und erlebt. Die Ursachen dafür liegen, so wie bei der Umweltungerechtigkeit, in der jeweiligen Gesellschaft selbst und sind nicht oder nur geringfügig institutionell zu beeinflussen. Häufig wird auch versucht, Bildungsgerechtigkeit und Zugangsgerechtigkeit mit Hilfe von institutionellen oder auch politischen Programmen zu gestalten. Noch häufiger werden die beiden Begriffe nur plakativ verwendet, um den eigentlichen Problemen auszuweichen oder von ihnen abzulenken.

> „Die „Ungerechtigkeiten" im Bildungswesen sind dort, wo es sie noch gibt, keine Folge des Bildungssystems, sondern eine des Gesellschaftssystems". (Ladenthin 2008)

Die Begriffe Bildungswesen oder auch Bildungssystem bezeichnen abstrakte Strukturen für die Vermittlung von Wissen und möglicherweise auch einen Teil von Bildung Abschn. 2.2. Der Aufbau von den sogenannten Bildungssystemen, die einem definierten Bildungswesen zugeordnet sind und dem Wesen nach Vermittlung von Bildung zur Aufgabe haben, folgt einer administrativ geordneten Struktur einer facettenreichen Wissensvermittlung. Hier wird externes, von Wissensträgern vermitteltes Wissen, angeboten und weiter gegeben. Dazu gibt es detaillierte Angaben, welches Wissen vermittelt werden soll. Nun ist Wissenserwerb noch lange kein Bildungserwerb. Das von der Menschheit angehäufte Wissen, beginnend mit ca. 400 v. Chr. und früher, ist von erheblichem Umfange. Nicht alles davon ist heute von unmittelbarer Bedeutung und findet Einfluss in die Wissensvermittlung. Zugang und Breite der Möglichkeiten für Wissensvermittlung und Wissenserwerb haben an Umfang erheblich zugenommen. Aber ist damit alles gerechter geworden? Der Gerechtigkeitsanspruch sollte eher unter den Begrifflichkeiten Teilhabe und Zugangschancen definiert werden. Das insbesondere, weil Chancen den gewollten Ausschluss von Teilhabe und Zugang ausschließen. Wie nun steht es aber um die Chancen und vor allem um die Chancengleichheit? Und für wen und wofür braucht es Chancengleichheit? Zugegebener Maßen wird in

[4]ebd.

den modernen Industriegesellschaften anderes und vielleicht auch umfassenderes Wissen gebraucht. Der Anteil derer, die ihr Wissen in die Gesellschaft einbringen und deren Wohlstand mehren, ist größer als je zuvor. Es ist aber auch der Anteil derer, die am Wohlstand teilhaben größer geworden, wenngleich der sogenannte Wohlstand sich in der Gesellschaft stark spreizt. Sozialräumlichen Veränderungen provozieren neue Sozialräume – ein Spiel um sozioökonomisch bedingte Segregation und Aggregation[5]. Der Zusammenhang von Wirken und Einwirken kann gut am Beispiel der Rolle des Menschen im Wirkungsgeflecht von anthropogenen Umwelt- und Gesundheitsschäden dargestellt werden[6]. Im Zeitalter des Anthropozäns[7] beeinflusst der Mensch die umweltlichen und damit die sozialen Räume, dass diese ihrerseits zur Belastung der physischen und psychischen Gesundheit der Menschen beitragen können[8]. In Analogie dazu kann auch das Wirkungsgeflecht von umweltbezogenen sozialen Räumen mit ihren spezifischen Umwelten betrachtet werden, die ihrerseits einen entscheidenden Einfluss auf die Entwicklung der Persönlichkeit inkl. der Gesundheit haben können (vgl. Abb. 2.1). Unter dem Gesichtspunkt von Bildung und Teilhabe kann das bedeuten, dass eine soziökonomische Situation einem Menschen Teilhabe und Bildungserwerb nicht ermöglicht und Bildungsdefizite entstehen.

Bildungsdefizite verhindern wiederum Teilhabe. In der Folge bedeutet das, dass mangelnde Bildung Teilhabe und weiteren Bildungs- und Wissenserwerb verhindert und damit die soziökonomischen Verhältnisse sich nicht verändern oder sich verschlechtern. Als ein weiteres Beispiel sei Wirkung und Einwirkung im sozialen Raum *Arbeitsumwelt* angeführt. Entstehen während eines Arbeitsprozesses in der Arbeitsumwelt gesundheits- und umweltschädigende Stoffe, bedeutet dies, der Mensch bringt die Stoffe in seine Arbeitsumwelt und gefährdet somit gleichzeitig seine Gesundheit. An dieser Stelle geht es auch um das Verhältnis von Wissen und Nichtwissen und um eine mögliche Gefährdung im sozialen Raum Arbeitsplatz. Es geht aber auch um Verantwortung und damit um Gerechtigkeit, in diesem Falle um Umweltgerechtigkeit. Welches Wissen, welche Erkenntnisse braucht es, diesen Prozess zu beurteilen, um ihn schlussendlich zu beherrschen?

---

[5]Zur Vertiefung wird auf Grafe Umweltgerechtigkeit – Wohnen und Energie (2020) verwiesen.

[6]ebd.

[7]Anthropozän: Zeitfenster, in dem der Mensch (Anthropos) maßgebliche Veränderungen in allen umweltlichen Räumen und damit auch in der Gesellschaft verursacht.

[8]Zur Vertiefung wird auf Grafe Umweltgerechtigkeit: Aktualität und Zukunftsvision (2020) verwiesen.

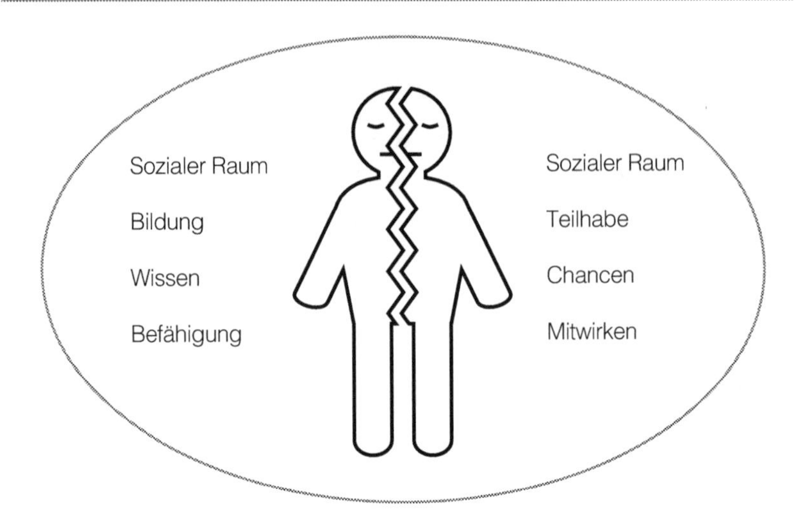

Abb. 2.1 Wirkung und Einwirkung im Zusammenhang mit Sozialisation

Die umweltlichen Räume und das Konzept des Sozialen Raums – eine Begriffsbestimmung

Die Zuordnung von Räumen, in denen Sozialisation erfolgt, in das Geflecht umweltlicher Räume, d. h. Räume, in denen die Menschen leben, lernen, arbeiten, sich erholen etc. nimmt das Konzept „Der Soziale Raum" von *Bourdieu* auf, das derzeit von großer Aktualität ist. Es erlebt unter den gegenwärtigen gesellschaftlicher Veränderungen eine Renaissance Abb. 1.3. Die Einordnung von Ausbildungs- und Lernräumen, wie Berufsschulen, Arbeitsräume mit Arbeitsplätzen, Schulen, Kindergärten, Hochschulen, Universitäten und weiteren in die Struktur des Konzeptes ermöglicht Kausalitäten zwischen den jeweiligen sozialen Räumen und dem Bildungserwerb zu erfassen. Arbeitsstätten, wie Krankenhäuser, Handwerksbetriebe, Industrieanlagen, Dienstleistungsbetriebe und weitere sind ebenso soziale Räume, die in dieses Geflecht gehören. Dazu kommen Freizeitstätten, diverse Vereine, Kirchen, Moscheen und weitere. Diese Zuordnung von Wissens- und Erfahrungsräumen hat maßgeblich dazu beigetragen, den ganzheitlichen Ansatz von Umweltgerechtigkeit zu formulieren. Gleichzeitig wird die Undifferenziertheit der Begrifflichkeiten in der Alltagssprache verdeutlicht, um ein Verständnis für den Einfluss dieser Räume auf Sozialisationsprozesse in der Gesellschaft zu wecken.

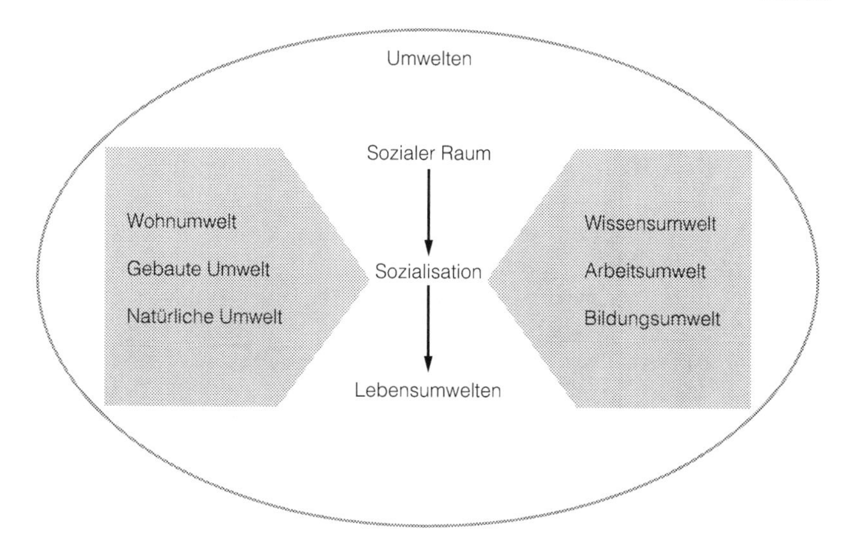

Abb. 2.2 Der *Soziale Raum* als Raum für Lebenswelten

▶ Jeder *Soziale Raum* hat eine Umwelt, die ihn formt, d. h. er hat eine eigene und direkt auf den Menschen einwirkende Umwelt, die an seiner Sozialisation beteiligt ist.

Während die sozialräumlichen Umstände auf die Menschen einwirken, wirken die Menschen ihrerseits auf die jeweiligen sozialen Räume ein Abb. 2.1. Das bedeutet, dass Chancen, Bildung und Wissen, ihm gleichzeitig Teilhabe und Chancen ermöglichen, den *Sozialen Raum* mit zu gestalten. Es spiegeln sich Einwirkung und Auswirkung der sozialen Möglichkeiten des Einzelnen wider. Das Prinzip Wirken und Einwirken gilt für den sozialen Raum genauso wie für den biologisch-ökologischen Raum[9]. Das zentrale Element ist die Möglichkeit der Teilhabe. Teilhabe umfasst dabei sowohl sozioökonomische Aspekte als auch Aspekte von Sozialisation infolge unterschiedlicher Erfahrungen und Möglichkeiten des Wissenserwerbs. Gleichzeitig ergibt sich daraus die Möglichkeit der Einwirkung im Sinne von Teilnahme auf die Gesellschaft (Abb. 2.2).

Die Vielschichtigkeit und Verschiedenheit von Lebensumwelten, in denen Menschen leben, arbeiten, lernen, sich erholen und aktiv sind, entsprechen

[9]ebd.

jeweils spezifischen auf sie wirkenden sozialen Einwirkungen. Solche Räume können z. B. auch Sportstätten sein, wo man in Gemeinschaft – also in Sozietät – sportlich aktiv ist und Erfahrungen oder Wissen anderer aufnimmt. Gleichzeitig haben die Menschen die Möglichkeit, eigene Impulse in die Gemeinschaft einzubringen. Ein Beispiel ist dafür das Verhältnis von Fußballfans und Verein. Die anizipatorische Wirkung des sozialen Raumes auf Bildung ist von essentieller Bedeutung. Das betrifft sowohl die formale, non-formale als auch die informelle Bildung – Begriffe, die sich auf die jeweilige Bildungsumwelt, d. h. den sozialen Raum, in dem die jeweilige Sozialisation erfolgt, beziehen (Mack 2007). Während die erste Sozialisation in der Familie und deren unmittelbarer Umgebung stattfindet, sind die weiteren Lebensphasen von Einflüssen aus anderen sozialen Räumen bestimmend für Bildung und damit für die Persönlichkeitsentwicklung. Zum formalen Raum zählen alle institutionellen Räume wie Schulen und zu den non-formalen außerschulische Institutionen, wie Sportvereine, Jugendeinrichtungen und weitere. Informelle Räume sind z. B. Bibliotheken, Museen – also Bildungsräume, die schwerpunktmäßig mediale Informationen anbieten. Der *Soziale Raum* als Eigenname, wie von *Bourdieu* geprägt, umfasst auch die Arbeitsumwelt und damit diese für einen Ort der non-formalen, ggf. der formalen und der informellen Bildung.

2.1 Reflexionen zu den Begriffen Wissen und Bildung

Reflexion zum Begriff Wissen und Formen des Wissens „Alle Menschen streben von Natur nach Wissen". (Aristoteles)

Die Bemühung, Wissen zu erklären und es in die Menschheitsgeschichte einzuordnen ist eine uralte Mühe der Menschen. Wissen wurde zu allen Zeiten in unterschiedlicher Form und auf unterschiedlichen Wegen in die Geschichte der Menschheit eingeordnet. Wissensgeschichte ist also Menschheitsgeschichte. Auch die Bemühungen, Wissenserwerb und Wissensvermittlung zu erklären sind so alt wie die Menschheit selbst. Ein Blick in die antike Welt zeigt das auf. Sicher ist, dass der Bezug der Menschen zu Wissen in den verschiedenen geschichtlichen Epochen eine unterschiedliche Bedeutung erlangte. Dabei spielt das auf Erfahrung beruhende Wissen, welches heute als internalisiertes Wissen bezeichnet wird, eine ganz spezifische Rolle. Dies insbesondere auch deshalb, weil es eine Brücke zwischen externem Wissen und internem Wissen schlägt. Häufig wird internalisiertes Wissen mit Bildung verwechselt.

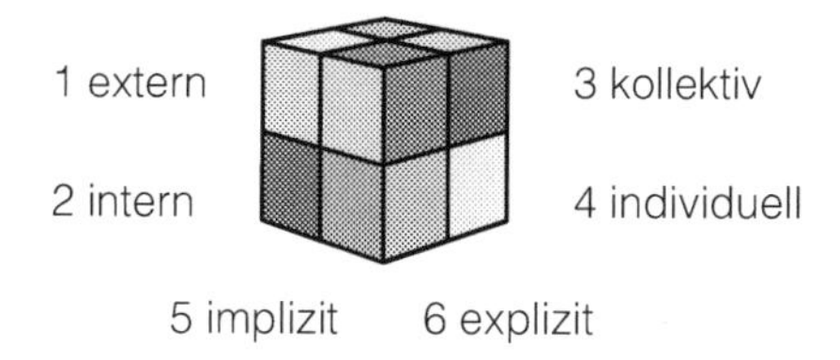

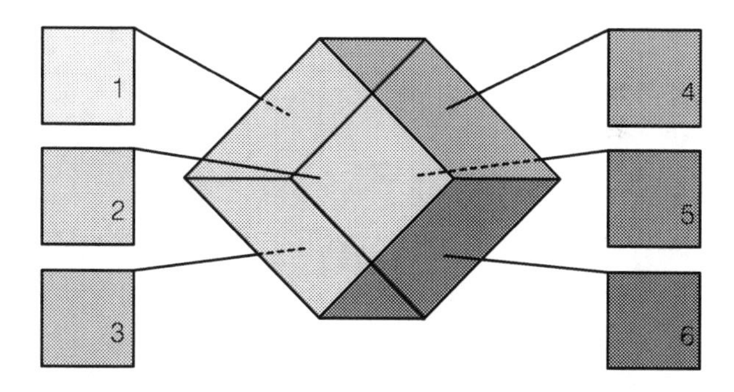

Abb. 2.3 Das Modell Wissenswürfel für die Zusammenhänge verschiedener Wissensformen

> Internes oder auch internalisiertes Wissen ist Bestandswissen, das vorhanden ist. Wissen von Externen wird als externes Wissen bezeichnet. Häufig geht externes Wissen in den Bestand des internen Wissens über.

Mithilfe des Modells „Wissenswürfel" kann der Zusammenhang der unterschiedlichen Wissensformen dargestellt werden (vgl. Abb. 2.3).

1. Kollektives Wissen – ein im Unternehmen oder einer Organisation vorhandenes Wissen, das unabhängig von Einzelpersonen ist, d h. nicht jeder Mitarbeiter muss über dieses Wissen verfügen.
2. Individuelles Wissen – ist an eine Person oder einen exklusiven Personenkreis gebunden.
3. Externes Wissen – ist für den Unternehmenserfolg relevant, im Unternehmen selbst jedoch nicht verfügbar. Es wird von Externen als Dienstleistung angeboten.

4. Internes Wissen – ist im Unternehmen vorhanden. Es umfasst implizites und individuelles Wissen.
5. Implizites Wissen – ist Erfahrungswissen bzw. Handlungswissen (Fertigkeiten), das kaum in Worten ausgedrückt werden kann und das oft nicht erklärbar bzw. bewusst ist.
6. Explizites Wissen – bezeichnet das sogenanntes Faktenwissen, das gut in Worte zu fassen und gut kommunizier- oder dokumentierbar ist.

Stellt man sich den Würfel aus drehbaren Quadern bestehend vor, werden die jeweiligen Zusammenhänge transparent. Erfahrung, Erleben und Wahrnehmung sind wesentliche Bestandteile von Wissen, die schon in den Gesellschaften der frühen Menschheit mitunter für deren Überlebensfähigkeit von Bedeutung waren. Das im deutschen Sprachgebrauch verwendete Wort *Wissen* leitet sich ursprünglich von *erblicken* oder *sehen,* also einer Form der Wahrnehmung, ab. Wahrnehmung ihrerseits ist Kenntnisnahme – sie fragt nicht nach Hintergrund, Kausalität oder Wirkung.

> „Erst durch die Einsicht in die kausalen Zusammenhänge der Wirklichkeit wird aus der bloßen Kenntnis der Wirklichkeit eine Erkenntnis der Wirklichkeit – aus dem bloßen Wahrnehmungswissen ein theoretisches Wissen". (Küppers 2008)

Die kulturgeschichtliche Entwicklung menschlicher Gesellschaften hat zu einer Anhäufung von Wissen geführt, die nicht zuletzt der Entwicklung von Schrift jedweder Form geschuldet ist. Die schriftliche Aufzeichnung von Wissen hat einen erheblichen Zuwachs der Ansammlung von Wissen bewirkt, die man in den Archiven von Bibliotheken und Museen sowie in vielerlei Arten von Bücher- und Schriftensammlungen findet. Die Sammlung von Wissen hat gigantische Ausmaße angenommen. Sie bewahrt das Wissen vieler Generationen aus unterschiedlichen Gesellschaftsformen und Sozialisationen auf – aber wissen wir deshalb mehr oder alles? Wissen ist flüchtig. Was zu einer Zeit Stand des Wissens ist, kann durchaus zu anderen Zeiten Unwissen sein. Das bedeutet, dass Wissen eine dynamische Größe ist, die sich ständig ändern kann und sich auch ändert. Mit Wissen wird auch häufig Wahrheit verbunden. Auch Wahrheit ist eine dynamische Größe: was zu einem Zeitpunkt als wahr angesehen wird, wird möglicherweis zu einem anderen Zeitpunkt als unwahr bezeichnet – weil widerlegt. Wissen wird auch von unterschiedlichen Qualitäten begleitet. So wird unterschieden in Erkenntniswissen, Orientierungs- und Bewirkungswissen. Ersteres ist dadurch gekennzeichnet, dass das Tun bestimmt wird von einem Wissen aus

Abb. 2.4 Der *Soziale Raum* als Erwerbsraum für Wissen und Wissensformen

einem Tun. Erkenntniswissen kann auch Erfahrungswissen sein. Das heißt: Man weiß, was man tun und was man lassen kann oder lassen muss (vgl. Abb. 2.4). Orientierungswissen ist ein Wissen, das erworben wird, aus dem sich eine Orientierung ergibt z. B. eine Berufswahl. Aber auch Orientierungswissen kann erfahrungsbasiert sein. Bewirkungswissen basiert in aller Regel aus Erkenntnis auf Basis von Wissen, Erfahrung und Zielorientierung.

Während Elementarwissen weitgehend durch Wissenserwerb gepaart mit Erfahrung entsteht, entsteht Orientierungswissen maßgeblich durch Sozialisation gepaart mit Wissenserwerb. Bei beiden sind die Schnittmengen unterschiedlich groß. Bewirkungswissen dagegen ist dadurch gekennzeichnet, dass es Zielorientierung innehat. Es befähigt zur Lösung praktischer Zusammenhänge und Problemlagen, dokumentiert diese und setzt das vorliegende Wissen praktisch um. Schaut man genauer in dieses Geflecht dieser Wissenszusammenhänge erklärt sich deren Plausibilität.

Beispiel

Als Beispiel dafür sei angeführt, welche Schritte notwendig werden, eine praktikable Lösung für ein Problem in der Gesundheitsvorsorge zu lösen, weil eine Epidemie auszubrechen droht. Dafür sind der Umgang mit ähnlichen Lösungen aus der Vergangenheit und mögliche erprobte medizinische Maßnahmen, also Erfahrung und Wissen, heranzuziehen, um Entscheidungen treffen zu können. Eine vorhandene Datenmenge ist mathematisch so auszuwerten, dass Informationen entstehen, auf deren Basis eine Risikobeurteilung Erfolg verspricht. Hier wirken theoretisches Wissen und praktische Erfahrung unter Nutzung von Dokumentation, Information zusammen.

Die institutionelle Wissensvermittlung bedarf der Kontinuität. In kurzen Zeitabschnitten sich ändernde Lehrpläne oder veränderte pädagogischen Formen bei der Wissensvermittlung, die auch häufig mit Schulreformen oder sogenannten Bildungsreformen einhergehen, sind nicht geeignet, eine qualitative hochwertige und schon gar nicht eine harmonisierte Aneignung von Wissen zu ermöglichen. Reformpädagogische Bemühungen wie z. B. Kindern in den ersten bis vierten Klassen das Schreiben nach Gehör und nicht nach verbindlichen Rechtschreibvorschriften zu lehren, hat in der Folge dramatische Auswirkungen, dies insbesondere dann, wenn im Elternhaus häufig eine mundartlich geprägte Sprache gesprochen wird. Aber es gibt auch Beispiele dafür, dass Lehrpläne in Mathematik von Bundesland zu Bundesland erheblich differieren – ein nicht zu verstehender Zustand mit erheblichen Folgen nicht nur für einzelne Betroffene. Die Frage ist, wer verantwortet das?

Wissen, Wissenschaft und Verantwortung

Wissenschaft gilt als eine Fachschaft, die Wissen schafft. Das bedeutet anderseits, dass aus Kenntnissen Erkenntnisse werden, wobei Letztere aufbereitet, dokumentiert, fachlich zugeordnet und nach Evaluierung öffentlich zugängig werden. Dabei ist zu berücksichtigen, dass Erkenntnisse zeitabhängig sind, d. h. sie können widerlegt, widerrufen oder einfach vergessen werden. Die wahre Erkenntnis, die über alle Zeiten stabil ist, gibt es genauso wenig wie die Wahrheit selbst (Küppers 2008). Ausgehend von einer dialektischen, also widersprüchlichen Beziehung von Zeit und Wahrnehmung in Form von Kenntnis und Erkenntnis, ist Wissen eine relative Größe. Unter dem Gesichtspunkt der Zeit wird aber klar, dass Wissen ständig entsteht und somit die Menge an Wissen ständig zunimmt, nicht zuletzt weil auch das widerlegte Wissen die Menge mit ausmacht. Der Fortschritt des Wissens, der sich aus neuem Wissen und widerlegtem Wissen rekrutiert, besteht darin, dass sich das Wissen vertieft und damit das Wissen mehrt.

Beispiel

Demokrit[10] bezeichnete das Atom als das kleinste Teilchen der Materie. Wir wissen heute, dass dem nicht so ist. Der Wissenszuwachs zu dieser Sache umfasst heute eine Vielzahl von Elementarteilchen wie Neutronen, Positronen, Elektronen und anderen, die das Atom als solches ausmachen. Eine Anzahl von Wissenschaftlern, wie *Rutherford*[11] , *Bohr*[12] , *Planck*[13] und weitere haben das Wissen über diese Elementarteilchen gemehrt – es ist ein neues Wissen entstanden, wobei das alte noch vorhanden ist.

Wissen, das Wissenschaft schafft bedarf der Kommunikation und der Information. Umgangssprachlich gibt es eine deutliche Vermischung des Verständnisses von Kommunikation und Information. Eine Information kann der Kommunikation dienen oder auch nicht und Kommunikation bedarf nicht unbedingt einer Information.

> Information muss nicht zwangsläufig Kommunikation bedeuten. Vielmehr lässt sich Information zunächst als der reine Formgehalt einer Struktur auffassen, während Kommunikation der Austausch von Forminhalten zwischen Sender und Empfänger ist.

In diesem Zusammenhang trägt die Wissenschaft Verantwortung sowohl für Kommunikation als auch für Information und steht somit im Beziehungsgeflecht von Gerechtigkeit und normativem Recht.

Die Wissensgesellschaft – ein kritischer Diskurs

> „In der Wissensgesellschaft geht es nicht um Wissen, nicht um Erkenntnis und schon gar nicht um Weisheit – es geht um Ranglisten, um Märkte, um Bilanzen und um Einfluss.“. (leicht gekürzt nach Tennenberg 2012)

---

[10]*Demokrit:* griechischer Philosoph (um 460 bis um 370 v. Chr.).

[11]Ernest Rutherford (1871–1937): Physiker, der sich mit der Elektronenhülle des Atoms beschäftigte.

[12]Niels Bohr (1888–1962): Physiker und Nobelpreisträger – entwickelte das nach ihm benannte Atommodell.

[13]Max Planck (1858–1947): Physiker und Nobelpreisträger – Begründer der Quantentheorie.

Im Fokus aktueller, auch kritischer Diskussionen steht seit geraumer Zeit der Begriff der Wissensgesellschaft, der gerne in Zusammenhang mit der Informationsgesellschaft gebraucht wird. Beide Begriffe sind ökonomisch dominiert, wobei der Begriff der Informationsgesellschaft ein technologisch ausgerichteter Begriff ist. Er umfasst die Sammlung von Daten z. B. in Datenbanken, welche aufgearbeitet werden zu Wissen, um dieses dann als Information zur Verfügung zu stellen oder zu verkaufen – ein Dienstleistungsakt.

- Als Informationsgesellschaft wird eine Gesellschaft bezeichnet, deren Lebensbereiche von Informations- und Kommunikationstechnologien durchdrungen sind.

Es bleibt zu erwarten, in welchen Funktionszusammenhängen Wissensgesellschaft und Informationsgesellschaft zukünftig agieren werden. Der Begriff der Wissensgesellschaft fokussiert die Aspekte von Wissen und Bildung auf den wirtschaftlichen Erfolg einer Gesellschaft (Maier 2018). Er umfasst ein Zeitfenster des Umbruchs einer Gesellschaftsform – den Umbruch von der Industriegesellschaft zur Wissensgesellschaft. Das Konzept der Wissensgesellschaft birgt die zukünftige Gegenwart der Arbeitswelt in sich. In der postindustriellen Gesellschaft, der Wissensgesellschaft, wird Wissen neben dem Kapital zu einem maßgeblichen Produktionsfaktor. Wissen und die extrafunktionalen Fähigkeiten der Beschäftigten wie Kommunikations- und Kooperationsfähigkeit und weitere, sowie Weitblick für technologische Prozesse gehören zu den Kompetenzfeldern der Wissensgesellschaft (Kabas 2007). Der in diesem Kontext verwendete Bildungsbegriff ist eigentlich das internalisierte Wissen, das durch Erfahrung im Laufe eines Zeitabschnittes oder eines Lebens erworben wurde. Auch hier zeigt sich der Zusammenhang von Wissen und Bildung.

- Der Begriff Wissensgesellschaft ist einem Zeitfenster/Trend geschuldet, dem das Potenzial zugeschrieben wird, Gesellschaft, Wirtschaft, Kultur und Privatleben grundlegend zu beeinflussen und damit zu verändern.

Die Beschreibung der Wissensgesellschaft entspricht somit einer Zeitdiagnose[14]. Das Ziel des Konzeptes Wissensgesellschaft ist die Beschäftigungsfähigkeit des Einzelnen in der postindustriellen Gesellschaft (vgl. Abb. 2.5) (Poltermann 2013).

[14]Zeitdiagnose: Wirtschaftssoziologischer Begriff: Beschreibung eines Zeitabschnittes der ökonomisch gesellschaftlichen Umwandlung.

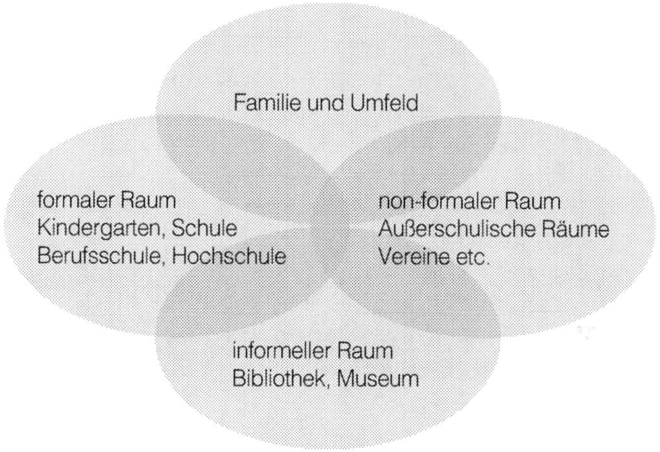

Familie und Umfeld

formaler Raum
Kindergarten, Schule
Berufsschule, Hochschule

non-formaler Raum
Außerschulische Räume
Vereine etc.

informeller Raum
Bibliothek, Museum

Abb. 2.5 Sozialräumlicher Bezug von Wissenserwerb, Bildung und Befähigung

In der Informationsgesellschaft kommt es vor allem darauf an, die gewünschte Information so schnell wie möglich zu finden, um wirtschaftlichen Fortschritt oder schnelle Umsetzungen von gesellschaftspolitischen Fragestellungen zu ermöglichen. Trotzdem oder gerade deshalb ist das über Information ermittelte Wissen flüchtig, weil nach dessen Nutzung kein Bedarf mehr für dieses Wissen besteht. In der Dienstleistungsgesellschaft kommt es also weniger darauf an, etwas zu wissen, sondern mehr darauf, wo und wie die gewünschte Information schnell zu finden ist. Andererseits braucht die Dienstleistungsgesellschaft Wissensträger, die das Produkt Wissen anbieten können. Im Geflecht dieser Zusammenhänge wird der Paradigmenwechsel in der postindustriellen Gesellschaft sehr deutlich, was dazu führt, dass es im Diskurs um Wissen und Bildung zu erheblichen Irritationen und Missverständnissen kommt.

> Eine Dienstleistungsgesellschaft ist dadurch charakterisiert, dass das Wirtschaftswachstum in hoch entwickelten Volkswirtschaften überwiegend durch den Konsum und die Produktion von Dienstleistungen getragen wird (Klodt 2018).

Im Ergebnis dieser Entwicklung ist Wissen zu einer beliebigen Ware geworden, die der wirtschaftlichen Situation bzw. dem technologischen Fortschritt entsprechen soll. Die Forderung nach mehr Wissen und demzufolge nach mehr Wissensvermittlung hat eine Vielzahl von Initiativen, wie Schulreformen, umfangreiche mit Wissen vollgestopfte Lehrbücher, sich ständig ändernde Lehrpläne und Curricula sowie Bildungsabschlüsse, die eher „Abschlüsse über Wissen" genannt werden sollten, hervorgebracht. Das Konzept der Wissensgesellschaft hat diese Entwicklung beschleunigt. Aus Bildung ist Ausbildung geworden, aus Wissen ist ein Produkt, das produziert, angeboten, verkauft und „gemanagt" wird (Tennenberg 2012). Es veraltet rasant und muss ständig neu aufgefüllt werden, was gleichzeitig den Fokus auf den Begriff „lebenslanges Lernen" legt. Wissen wird kurzlebig, es hat lediglich eine Aufgabe zu erfüllen. Ein von Studierenden und von Absolventen viel benutztes Online-Portal für Stellenangebote wirbt z. B. mit dem Slogan:

> „Kontakte sind wichtiger als jedes Wissen". (anonymisiert 2020)

Es kommt also nicht so sehr darauf an, etwas zu wissen, sondern darauf, jemanden zu kennen, der etwas weiß. Alles andere erledigt der fluktuierende Wissenserwerb. Bildungsaspekte, die in die Wissensvermittlung inkludiert sind, fehlen mehr als häufig. Die Gründe dafür, und vor allem, ob dass der Wirklichkeit entspricht und warum, werden nicht thematisiert. Ist es möglicherweise eine Entwicklung, die sich aus falsch verstandenen Zielen von Wissens- und Dienstleistungsgesellschaft ableitet? Wer wird zukünftig über das Wissen verfügen, dass die Wissensgesellschaft braucht? Wer wird das Produkt Wissen anbieten und wer wird es kurzfristig umsetzen? Wer wird die Verantwortung für das in ein Produkt umgesetzte Wissen tragen?

> Reflexion zum Begriff Bildung „Der Begriff der Bildung zielt auf die geistige, gestalterische und moralische Entwicklung, die aus Vernunft und Freiheit heraus und ohne direkte Abhängigkeit von Politik und Wirtschaft geschieht". (Bendel 2019)

Eine einheitliche Definition für Bildung gibt es nicht. Der Begriff Bildung impliziert im Allgemeinen Wissen, Fähigkeit und Verantwortung. Das bedeutet auch, dass Bildung im Kontext mit Gerechtigkeit steht Abschn. 1.1. Der aktuell genutzte Bildungsbegriff reflektiert das *Humboldtsche Bildungsideal,* da er in seiner Grundaussage diesem entspricht. Allerdings hat sich im Zuge der Entwicklung zur Wissens- und Informationsgesellschaft der Anteil des Wissens zu Ungunsten der Bildungsinhalte verschoben (Tennenberg 2012).

> Das Humboldtsche Bildungsideal beinhaltet eine ganzheitliche Ausbildung in Wissenschaft und Kunst und die verbindliche Einheit von Forschung und Lehre, einschließlich der Wissenschaftsfreiheit.

Bildung ist also mehr als die reine Aneignung von Wissen. Maßgebend dabei ist die Entwicklung von Individualität und Persönlichkeit sowie das Erkennen und Fördern vorhandener Begabung. Das bedeutet, dass Bildung ein Prozess ist, durch den der Mensch seine Persönlichkeit ausbilden kann (Bax 2020).

> „Bildung ist der Erwerb eines Systems moralisch erwünschter Einstellungen durch die Vermittlung und Aneignung von Wissen derart, dass Menschen im Bezugssystem ihrer geschichtlich-gesellschaftlichen Welt wählend, wertend und stellungnehmend ihren Standort definieren, Persönlichkeitsprofil bekommen und Lebens- und Handlungsorientierung gewinnen". (Kössler 2020)

Die Kernaussage von *Henning Kössler*[15] besteht darin, dass mit dem Bildungserwerb eine Persönlichkeitsentwicklung im Kontext mit Verantwortung des Einzelnen für sein Tun, seine Teilnahme und Teilhabe an gesellschaftlichen Prozessen und deren kritischer Reflexion einhergeht. Die daran beteiligten Akteure erfüllen dabei unterschiedliche Aufgaben, die jeweils von dem sozialen Raum abhängig sind, in dem Bildung erworben werden kann. Dabei erfolgt Bildungserwerb über die gesamte Lebenslinie des Einzelnen und somit auch in mehreren Lebensphasen. Der Einzelne erlebt in meist unterschiedlichen sozialen Räumen prägende Erfahrung, die letztendlich seinem Bildungserwerb ausmachen, der über den reinen Wissenserwerb hinausgeht.

Das Verhältnis von Bildung und Wissen

Bildung und Wissen schließen sich nicht aus, meist gehört zum Wissen auch Bildung und umgekehrt. Die Schnittmengen können unterschiedlich groß sein. Eines ist ihnen gemeinsam: Wissen und Bildung schließen Verantwortung ein. Einen Indikator dafür, inwieweit Wissen und Bildung sich in der Verantwortung wiederfinden, gibt es nicht. Gleichwohl gibt es eine Reihe von Beispielen, woran deutlich wird, dass ein umfangreiches oder ein sehr spezielles Wissen nicht immer mit verantwortungsvollem Tun einhergeht. Die Entwicklung von Vernichtungswaffen am Beispiel von Kernwaffen und deren Einsatz hat deutlich gezeigt, dass der wissenschaftlich-technische Erfolg, Energie aus einem

[15]Henning Kössler (1926 bis dato): Philosoph und Hochschullehrer.

physikalischen Prozess zu gewinnen und für Zerstörung zu nutzen, eine erhebliche und von Verantwortungslosigkeit getragene sprichwörtliche Ungerechtigkeit gegenüber einer zivilen Bevölkerung darstellt.

Mit dem Atombombenabwurf[16] auf Hiroshima und Nagasaki begann eine Debatte über die Verantwortung von Wissenschaft und Forschung. *Schirach* beklagt in seinem Buch " Die Nacht der Physiker" den Verantwortungscodex der Wissenschaftler (Schirach 2013). Diese Klage kann erweitert werden auf die Verantwortung der Chemiker, die den Einsatz von „Agent Orange"[17] in Vietnam durch das Militär aufgrund ihrer wissenschaftlichen Forschungen und deren Ergebnisse erst ermöglichten, wenngleich ihr Forschungsziel auch ein anderes war. Auch die Frage nach der moralischen Verantwortung des Militärs bleibt unbeantwortet. Sie betrifft in einer exemplarischen Art und Weise auch die Hinterfragung von Gerechtigkeit im Hinblick auf den Tod von unzähligen Zivilisten und der gesundheitlichen Schädigung nachfolgender Generationen durch militärische Einsätze. Im Fokus der Debatte um kriegerische Auseinandersetzung stehen auch keine Fragen nach Umweltschäden und Umweltgerechtigkeit. Ein Krieg ist immer eine der größten Umweltkatastrophen, weil es nicht nur um Vernichtung von Menschen und materiellen Gütern geht, sondern um eine mehr oder weniger gezielte, aber immer umfassende Umweltzerstörung, die neben der Zerstörung der Lebensgrundlage für alle Organismen auch entscheidende Auswirkungen auf die globalen und lokalen klimatischen Verhältnisse hat.

Eine Wissensdefinition oder ein gesetztes wissenschaftsbezogenes Credo im philosophischen Sinne gibt es nicht. Die durchaus berechtigten Ängste der Menschen vor kriegerischen Auseinandersetzungen und die Ängste, die sich vermehrt in Hinblick auf Zerstörung der biologisch-ökologischen Umwelt inkl. der anthropogenen Klimaveränderungen beziehen, sind allgegenwärtig. Sie sind der Hintergrund von Demonstrationen für mehr Klimaschutz, für Frieden und gegen Umweltzerstörung. Der Maler *Hausner*[18] hat mit seinem Gemälde, welches er *„Adam warum zitterst Du?"* nannte, die realen Ängste der Menschen im 20. und 21. Jahrhundert im wahrsten Sinne des Wortes dargestellt.

> „Mit dem von Hausner geschaffenen apokalyptischen Bild wird sehr deutlich: Adam, das sind wir – der in die Freiheit entlassene Mensch, der mit der Gabe unbegrenzter Erkenntnis ausgestattet nicht nur seine Selbstverwirklichung, sondern auch seine Selbstvernichtung in der Hand hat". (Küppers 2008)

---

[16]US-amerikanische Atombombenabwürfe auf Hiroshima und Nagasaki am 6. und 9.August 1945 mit geschätzten 67.000 Soforttoten und weiteren 200.000 Toten in den Folgetagen sowie unzählige Erbgutgeschädigten (Weidenbach 2020).

[17]Agent Orange: eingesetztes Entlaubungsmittel, um militärische Handlungen zu unterstützen.

[18]Rudolf Hausner (1914 bis 1995): Maler und Graphiker des Phantastischen Realismus.

Ausgehend von der Tugendethik des *Aristoteles,* kann unterstellt werden, dass mit Tugend ein Maß für Verantwortung für das Tun gemeint ist, das sowohl von einer charakterlichen Disposition als auch von der einer Gesellschaft abhängt. Transformiert auf Wissenschaftler und Wissenschaftlerinnen bedeutet das eine besondere Verantwortung für ihr Tun. Inwieweit Wissen gepaart mit Bildung dieses Verantwortungsbewusstsein entwickelt, wird davon abhängig sein wie eine Gesellschaft ihrer Verantwortung gegenüber dem Leben und seiner essentiellen Ressourcen gerecht wird. Wenn normatives Recht im Sinne von *Habermas* durch Teilhabe der Einzelnen der Gesellschaft mit einer Mehrheit festgesetzt und ggf. zeitbezogen dynamisiert wird. Es wäre denkbar, dass das Verantwortungsbewusstsein aller, nicht nur das ausgewählter Gruppen, mehr Gerechtigkeit in der Gesellschaft auf der Basis von normativem Recht entwickeln könnte Abb. 2.11.

2.2 Sozialisation und Bildungserwerb

Reflexion zu Sozialisation und Bildungserwerb aus unterschiedlichen Blickwinkeln „Sozialisation umfasst alle Aspekte einer Personalisation, d. h. des Mündigwerdens in der jeweiligen Gesellschaft. Sie schafft Qualifikation, die gleichzeitig Handlungsfähigkeiten zur Erfüllung beruflicher und gesellschaftliche Anforderungen einschließt". (Maier 2018)

Die von *Maier* formulierte Definition zeigt den Zusammenhang von Wissens-, Bildungs- und Befähigungserwerb im Hinblick auf das Handeln des Einzelnen mit Fokus auf die Erfüllung beruflicher und gesellschaftlicher Anforderungen. In einer von Ökonomie geprägten Gesellschaft bedeutet das, seinen wirtschaftlichen Wohlstand zu sichern oder ihn erwerben. Die Definition macht deutlich, dass eine auf Qualifikation und Handlungsfähigkeit ausgerichtete personalisierte Sozialisation des Einzelnen auf dessen wertbringenden Einsatz in der Wirtschaft, d. h. in der Arbeitswelt und in der Gesellschaft zielt. Die Instrumente der Wissens- und Befähigungsvermittlung stehen dabei im Vordergrund. Die schwerpunktmäßige Ausrichtung auf beruflichen Erfolg und Wohlstand hinterlässt aber die Lücke von Bildung und Bildungsbefähigung, die durchaus für eine In-Wert-Setzung in einer pluralen Gesellschaft von größter Bedeutung ist.

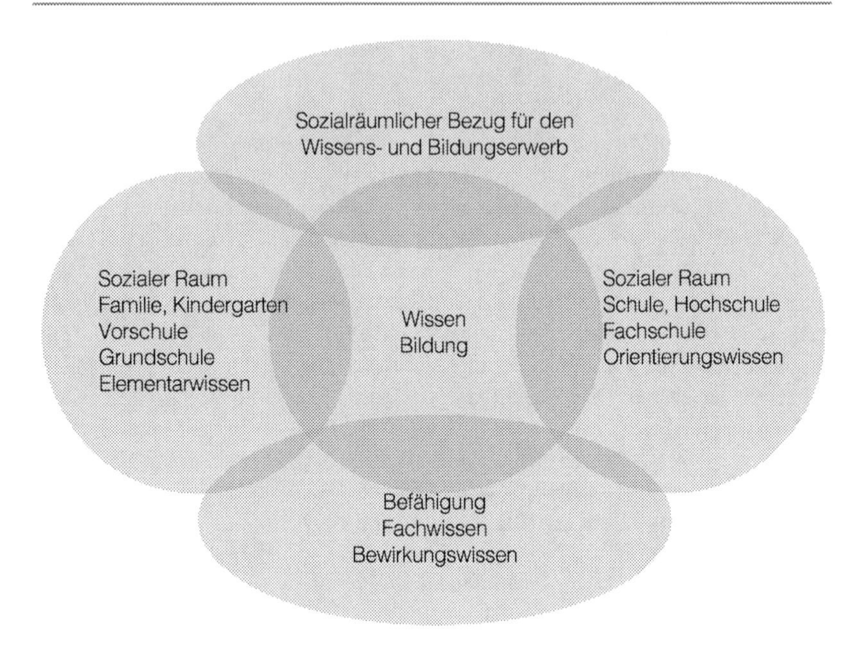

Abb. 2.6 Sozialräumlicher Bezug von Wissens-, Bildungs- und Befähigungserwerb

> „Es ist ein Missverständnis, Bildung auf ein Mittel zum Zweck in Hinblick auf den Arbeitsmarkt zu reduzieren". (Vega da 2012)

Betrachtet man den Ansatz für Bildung jedoch in seiner Ganzheitlichkeit ergibt sich ein Blickwinkel, der deutlich zeigt, dass der aktuell interpretierte *Humboldtsche Bildungsansatz* eine Verschiebung in Richtung Funktionalität des Menschen in der Wirtschaft und damit auf den Arbeitsmarkt erfahren hat, was sich deutlich im Konzept der Wissensgesellschaft abbildet. Wieviel Platz bleibt in einer ökonomisch dominierten Gesellschaft noch für Bildung? Eine Frage, die insbesondere vor dem Hintergrund, dass Bildung Stabilität in einer Gesellschaft ermöglicht und gleichzeitig Möglichkeiten des Wissens- und Befähigungserwerbs sowie Teilhabe und Chancengleichheit gewährleisten kann, durchaus berechtigt ist. Sie impliziert darüber hinaus nach dem Wert von Verantwortung für das Tun und Lassen im gesellschaftlich Kontext zu fragen Abschn. 2.1.

Antizipatorische Sozialisation und Bildung

Mit der Entwicklung der Erwerbsgesellschaft haben sich sowohl die Arbeitswelt als auch die Familienwelt verändert. Die Elementarquelle für Bildung war über Jahrzehnte die Familie, was ein Blick auf die Entwicklung ganzer Familiendynastien wie Musikerfamilien über mehrere Generationen oder auch die von Ärzten deutlich macht. Die Gründe dafür sind nicht nur vererbte Begabung – das sicher auch – sondern die Vermittlung von Bildungsinhalten vom frühen Kindesalter an. Diese Art von Bildung kann auch Erfahrungsbildung genannt werden. Kinder erfahren in der Familie und deren Umfeld entsprechende Bildungsinhalte, die in späteren Lebensphasen, je nach Einwirkung des entsprechenden *Sozialen Raumes,* erweitert und ausgebaut werden (vgl. Abb. 2.6). Dass Begabungen vorliegen können, die in der angestammten Familie nicht erkannt und nicht mit Bildungsinhalten unterstützt werden können, zeigen ebenso viele Beispiele (Mack 2014).

Nur wenige können ohne eine entsprechende Elementarbildung in der Familie und deren Umfeld mit institutioneller Hilfe ihre Begabung entfalten. Das zeigen unter anderem die Zahlen für die sogenannten Schulabbrecher oder auch die Vielzahl der Menschen, die über den sogenannten zweiten Bildungsweg einen erweiterten Wissens- und Befähigungserwerb erlangen, nachdem sie Bildungsinhalten außerhalb des Familienverbundes, z. B. der Arbeitswelt erwerben konnten (Rudnicka 2019). Häufig hängen Wissens-, Befähigungs- und Bildungserwerb von sozioökonomischen und oft auch mit ethnischen Rahmenbedingungen zusammen.

Sozioökonomie und Sozialisation

> „Ein wichtiger Indikator für den sozioökonomischen Status von Kindern ist der Bildungsabschluss der Eltern“. (Freitag 2016)

Dass Sozioökonomie und Sozialisation einen entscheidenden Einfluss auf Bildungs- und den damit verbundenen Wissenserwerb haben, ist unstrittig. Die Statistik des 2016 durchgeführten Mikrozensus[19] zum Thema *„Sozioökonomie und Wissens- bzw. Bildungserwerb in Deutschland“* ergab folgende Daten

[19]Mikrozensus: Jährlich stattfindende empirischer Ermittlung von gesellschaftspolitisch wichtigen Fakten.

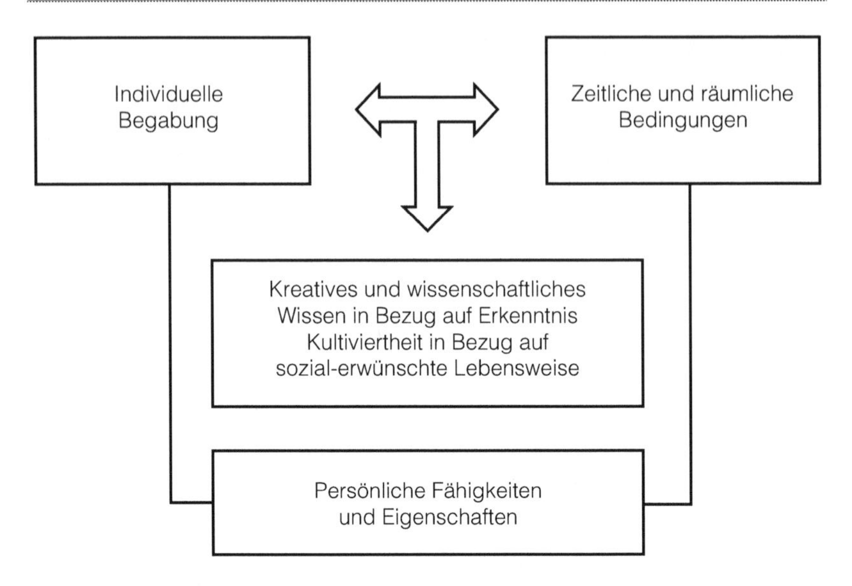

Abb. 2.7 Bildung als Konzept antizipatorischer Sozialisation

- 43 % der Kinder und Jugendlichen, die eine allgemeinbildende oder berufliche Schule besuchten, lebten in Familien mit mindestens einem Elternteil, der Abitur oder eine Fachhochschulreife besaß.
- 27 % aller Schülerinnen und Schüler wuchsen in Familien auf, in denen mindestens ein Elternteil einen Bachelor- oder Masterabschluss, ein Diplom oder eine Promotion besaß.
- Nur 18 % der Eltern verfügten über einen Hauptschulabschluss als höchsten allgemeinbildenden Abschluss.
- Rund 4,2 % der Schülerinnen und Schüler lebten in Familien, in denen kein Elternteil einen allgemeinbildenden Schulabschluss vorweisen konnte.
- Rund 14 % der Kinder lebten in Familien, in denen kein beruflicher Bildungsabschluss vorhanden war.

Die empirisch ermittelten Daten zeigt deutlich, welchen Einfluss der familiäre Hintergrund für den Wissens- und Bildungserwerb für Kinder, Jugendliche und junge Erwachsene hat (vgl. Abb. 2.7). Auch die Verteilung der Schüler und Schülerinnen in die jeweilige Schulform sowie der Besuch von weiterführender Ausbildung zeigt dies auf. Allgemein kann festgestellt werden: Je höher der allgemeinbildende, berufliche oder akademische Abschluss der Eltern ist, desto wahrscheinlicher wird der Weg der Kinder zu einer höherwertigen Ausbildung (vgl. Abb. 2.7).

Ein ähnliches Bild spiegelt auch der Schulbesuch wider:

- Der Anteil von Schülern und Schülerinnen, die eine höherwertigere Ausbildung anstrebten und deren Eltern einen Hauptschulabschluss vorweisen konnten, betrug im Untersuchungszeitraum lediglich 8,7 %, davon 4,4 % mit Migrationshintergrund.
- Dagegen betrug der Anteil derer, deren Familienhintergrund von einem höheren Schulabschluss der Eltern geprägt war 56 %, davon 27 % mit Migrationshintergrund.
- Der Anteil von Schülerinnen und Schülern, deren Eltern über einen höheren Schulabschluss verfügten, lag an Hauptschulen bei 15 % (Freitag 2016).

Davon ausgehend, dass die Lebenslinien (engl. *course of life*) eines Menschen maßgeblich durch die Sozialisation bestimmt werden, muss berücksichtigt werden, dass der Anteil des Bildungspotentials, der über den familiären Hintergrund vermittelt wird, entscheidend ist. Trotz späteren bzw. außerfamiliären Erfahrungen aus formalen, non-formalen und informellen Bildungsquellen hat die Bildungsprägung durch den familiären Hintergrund ein Leben lang Bestand Abb. 2.5. Ein Beispiel dafür ist die religiöse Prägung durch die Familie, die durchaus ein Leben lang anhält – häufig auch ohne Mitgliedschaft oder als nicht mitwirkender Akteur und oft mit kritischer Distanz.

2.3 Reflexionen zu Teilhabe an Wissen und Bildung

Teilhabe, Beteiligung, Partizipation – eine Einführung „Partizipation ist die Einflussnahme auf das subjektive Ganze, mit der die eigene Lebensqualität erhöht werden kann. Partizipation ist nicht zu reduzieren auf eine Beteiligung an vorgegebenen Alternativen. Partizipation ist vielmehr rückgebunden an die Subjektivität von Menschen". (Scheu 2013).

Die Weltgesundheitsorganisation hat in 2001 Teilhabe als das Eingebundensein in eine Lebenssituation definiert, wobei offen bleibt, welche Lebenssituationen das sind oder sein könnten. Die Unschärfe der Definition macht deutlich, dass es eine Vielzahl von Teilhabesituationen geben kann. Teilhabe hat auch etwas mit Partizipation zu tun. Teilhabe kann auch eine Beteiligung an etwas sein oder als eine Form des Gebens und sich Einbringens sein. Welche Fragen ergeben

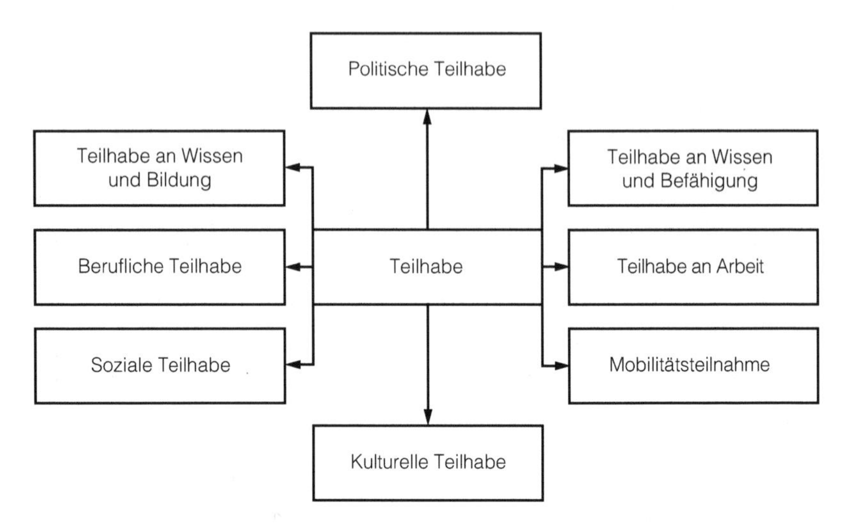

Abb. 2.8 Teilhabe und Teilhabeformen

sich demzufolge, wenn geklärt werden soll, was bedeutet Teilhabe in einem sogenannten Eingebundensein ist? Ein Mensch kann in eine Familie eingebunden sein oder in ein Kollektiv, in die Arbeitswelt oder einen Freundeskreis. Wie dieses Eingebundensein allerdings aussieht, welche Qualität es hat, welche Stellung derjenige darin hat, ob er partizipiert oder nicht, bleiben offene Fragen. Ähnliche Unsicherheiten bestehen beim Begriff der Partizipation. Der Begriff Partizipation erfährt jedoch einen deutlichen Mehrwert mit der Ergänzung, dass Partizipation rückgebunden sei an die Subjektivität des jeweiligen Menschen Abb. 2.7.

> Partizipation ist die Fähigkeit des Einzelnen in einer Gemeinschaft ein Teil zu sein und die Gemeinschaft mit zu bestimmen – er nimmt und gibt, so wie die Gemeinschaft, in der er sich befindet, von ihm nimmt und ihm gibt.

Voraussetzung für die Partizipation des Einzelnen ist seine Fähigkeit zu partizipieren, die er infolge seiner Sozialisation erworben hat. Maßgeblich für den Erwerb von lebenslang anhaltender Bildung ist die Primärphase, die vom Sozialraum Familie und dessen familiäre Umgebung in Form partizipativer Sozialisation geleistet wird. Sie ist stark vom kulturellen oder auch vom ethnischen Umfeld abhängig. Mit Beginn des Eintritts in die frühkindliche

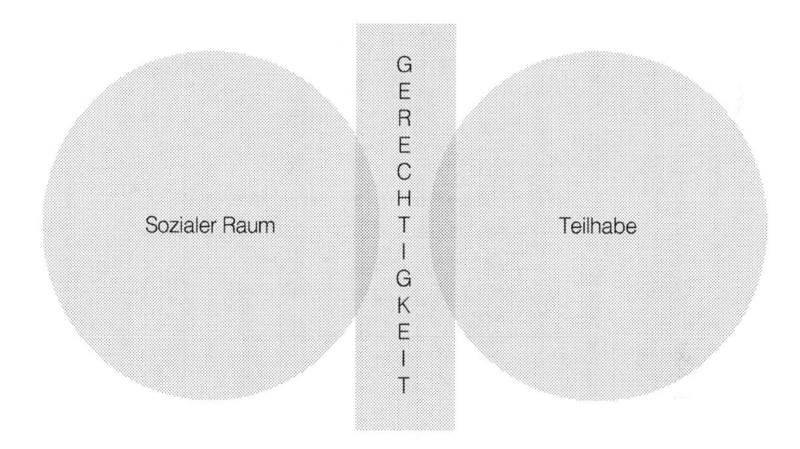

Abb. 2.9 Sozialer Raum und Teilhabe als Schnittmenge für Gerechtigkeit

Erziehung, gefolgt von Schul- und ggf. Berufsausbildung, Studium und Arbeitswelt kann das in der ersten Phase erworbene Bildungspotenzial ausgebaut und um neue Bildungsinhalte erweitert werden. Die Verbindung von Bildung und Bildungserwerb mit Wissens- und Befähigungserwerb liegt in der postfamiliären Phase. In pluralen Gesellschaften kommt es häufig infolge von Migration und Assimilation zu einer zusätzlichen Phase[20]. Darüber hinaus erfolgt in großen, international agierenden Unternehmen eine organisations- bzw. unternehmensbezogene Sozialisation, die herkunftsbezogene Werte von Mitarbeitern häufig löscht oder deutlich nivelliert. In der Summe impliziert Sozialisationserwerb sowohl Bildung, Wissen und Befähigung als auch Teilhabe – wobei die jeweiligen Anteile sehr unterschiedlich individuell ausgeprägt sein können. Dazu kommen infolge von unterschiedlichen kulturellen Hintergründen und Ethnien der Erwerb von Toleranz und Empathie[21]. In diesem Zusammenhang muss auf die inhaltlichen Differenzen der Begriffe Bildung und Wissen aufmerksam gemacht werden.

> Bildung und Wissen können sich gegenseitig unterstützen, im Besonderen eine Einheit bilden, sich aber auch gegenseitig

[20]ebd.

[21]ebd.

ausschließen. Dabei kommt es jeweils auf die Teilmengen von soziologisch bezogener Bildung sowie deren Ausschluss oder Implikation an.

Bildung und Wissen sind die tragenden Pfeiler für Teilhabe. Teilhabe ihrerseits ist die Grundlage für Recht und Gerechtigkeit Abschn. 1.1 (vgl. Abb. 2.8). Das normierte Recht entsteht, zumindest in mitteleuropäischen Demokratien, durch Teilhabe. Wobei die Teilhabe von der Organisation der jeweiligen Demokratiestruktur bestimmt wird.

Wissensvermittlung ohne Bildungsvermittlung stellt das Geflecht von normativem Recht und Gerechtigkeit infrage. Fehlendes Wissen gepaart mit fehlender Bildung, dem sogenannten Werteempfinden, kann in demokratisch organisierten Gesellschaften ein Problem darstellen. Als Beispiel seien dafür Verschwörungstheorien oder auch dämagogisierende Gruppeneffekte genannt.

Teilhabe und Sozialer Raum

> „Hervorheben möchte ich, dass Teilhabe nicht eine Bewegung von a nach b ist und dann abgeschlossen, sondern ein fortlaufender, dauernder gesellschaftlicher Prozess, der zwar ein festes Fundament, aber in den Orientierungen jeweils neu ausgerichtet werden muss." (Finke 2005)

Teilhabe ist als Gesellschaftsentwurf zu verstehen, der es allen Menschen unabhängig von ihren ethnischen, psychosozialen, demografischen, physischen und kognitiven Fähigkeiten oder Beschwernissen ermöglicht, an gesellschaftlichen Prozessen teilzunehmen und sie mitzugestalten. In einer Teilhabegesellschaft wird die Verantwortung sowohl vom einzelnen Menschen – dem Individuum – als auch von denjenigen erwartet, die gesellschaftspolitische Verantwortung tragen Abschn. 2.1.Gesellschaftspolitische Verantwortung bedarf einer genauen Wägung von normiertem Recht und dem in der Gesellschaft empfundenen Gerechtigkeitssinn Abschn. 1.1. Dieser Abwägungsprozess ist maßgeblich von Teilhabe und Mitsprache gekennzeichnet (vgl. Abb. 2.9). Gesellschaftspolitische Entscheidung bedürfen der Partizipation der Betroffenen – ein Prozess, der nicht immer einfach zu gestalten ist, weil häufig Partikularinteressen gesellschaftspolitische Entscheidungen verzögern oder auch als ungerecht empfunden werden[22]. Gerechtigkeitsempfinden wird dagegen getragen von einem

[22]Zur Vertiefung wird auf Grafe Umweltgerechtigkeit: Aktualität und Zukunftsvision (2020) verwiesen.

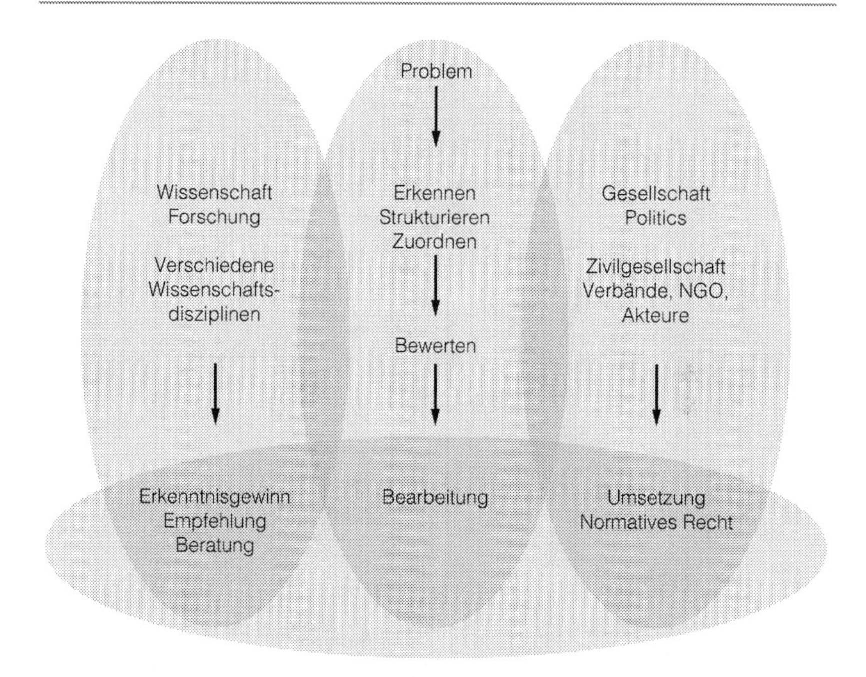

Abb. 2.10 Wirkungsfeld von Inter- und Transdisziplinarität

Verstehen der Dinge – die Verbindung von Empathie und Hedonie, die gesamtgesellschaftlich ein Ideal ist, aber nicht immer von allen getragen wird.

Teilhabe an Prozessen ist damit nicht nur ein Nehmen, sondern auch ein Geben entsprechend individueller Möglichkeiten und Fähigkeiten des Einzelnen. Die Fürsorge eines Wohlfahrtstaates reicht nicht aus, Teilhabeprozesse zu gestalten, da die Aufgabenstellung für die Gestaltung von Teilhabeprozessen gruppenspezifisch unterschiedlich fokussiert sein muss. So entstehen zwangläufig spezifische Segmentierungen von Teilhabe. Zweifelsohne gibt es zwischen den einzelnen Segmenten oder Formen der Teilhabe mehr oder weniger große Schnittmengen, was sich z. B. deutlich bei der demografisch begründeten Teilhabe oder dem Teilhabeverlust ablesen lässt. Häufig ist die Mobilität eine Verknüpfung verschiedener Teilhabeformen, sodass sie selbst als Teilhabesegment bezeichnet werden kann. Als Beispiele seien dafür Altersarmut und sozioökonomisch begründete Einschränkung der Teilhabe am kulturellen und sozialen

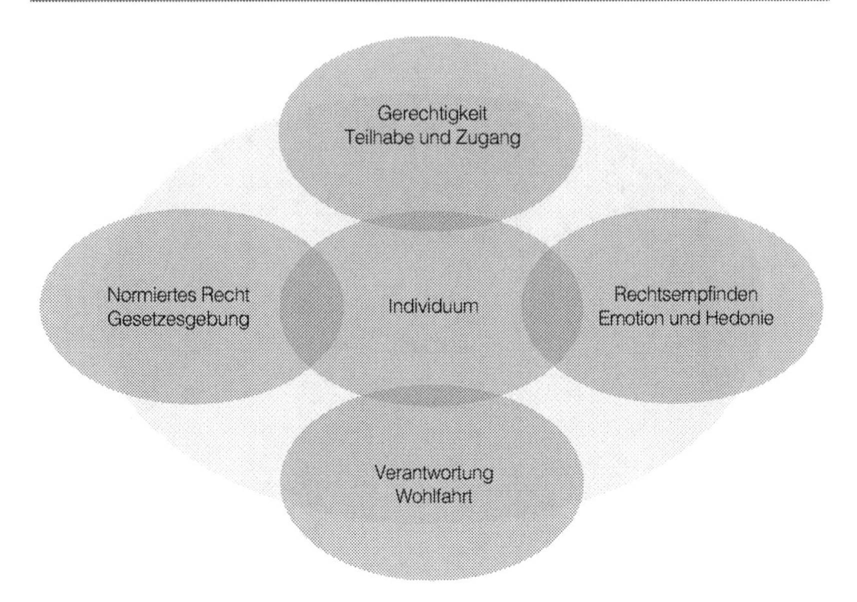

Abb. 2.11 Verbindung von normativem Recht, Gerechtigkeitsempfinden und Teilhabe

Leben infolge von Mobiltätsverlusten benannt[23]. Nicht nur dieses Beispiel macht darauf aufmerksam, dass es zwingend notwendig ist, einen interdisziplinären Ansatz gepaart mit transdisziplinären Bewertungen zu entwickeln, um gerechte bzw. umweltgerechte Verhältnisse im jeweiligen sozialen Raum zu schaffen.

> „Während interdisziplinäre Arbeit auf ein Mehr an Erkenntnis setzt, zielt transdisziplinäre Arbeit auf Erkenntnisse, die in anderen Wissenschaftsdisziplinen gewonnen werden. Das bedeutet also, thematisch und methodisch über die Grenzen der eigenen Disziplin hinauszugehen, sich dabei aber stets der eigenen disziplinären Verortung bewusst zu sein". (Baer 2016)

Die Auseinandersetzungen um Teilhabe und Gerechtigkeit, sowie deren Facetten ruft förmlich nach einer interdisziplinären und transdisziplinären wissenschaftlichen Arbeit (vgl. Abb. 2.10). Vor allem die Transdisziplinarität fristet vielerorts

[23]Zur Vertiefung wird auf Grafe Umweltgerechtigkeit – Wohnen und Energie (2020) verwiesen.

in der Wissenschaft noch ein Schattendasein. Sie provoziert einen Paradigmenwechsel, dessen praktische Umsetzung darin besteht, dass Erkenntnisse und Ergebnisse fremder Disziplinen mit in die Auswertung und Bewertung der eigenen internen Fachdisziplin und deren Ergebnisse eingebunden werden. Das Ergebnis ist letztendlich, eine Erweiterung des eigenen Verständnisses zur eigenen Sache zu bekommen. Inter- und transdisziplinäre Zusammenwirken in der wissenschaftlichen Arbeit birgt die Hoffnung auf ein konkurrenzfreies wissenschaftliches Arbeiten über unterschiedliche Wissenschaftsdisziplinen hinaus – eine Tugend, die häufig im Tagesgeschäft untergeht.

Der Verbindung von Teilhabe, normativem Recht und Gerechtigkeitsempfinden ist eine der umfassendsten Herausforderungen in modernen Gesellschaften. Das betrifft auch die Wissens-, Dienstleistungs- und Informationsgesellschaften, da sie von Pluralität und Diversität geprägt sind und somit maßgeblich die jeweiligen Gesellschaftsstrukturen bestimmen.

▶ Die Plurale Gesellschaft ist gekennzeichnet durch eine Vielfalt (engl. *Diversity*) ihrer Mitglieder, die mintunter sehr unterschiedlich über ihre Herkunft, ihrer Sprache, ihrer Kultur sozialisiert sind.

Ethnische Sozialisation und Multikulturalität sind die Hauptkomponenten, die plurale Gesellschaften kennzeichnen. Gleichzeitig stellen sie ein Spannungsfeld im Geflecht von Vorort geltenden normativem Recht, Gerechtigkeitsempfingen und Teilhabe dar – ein Themenfeld mit großen Herausforderungen – nicht nur im Wissenschaftsbereich (vgl. Abb. 2.11).

Die Schnittmengen der jeweiligen Teilhaben an Wissenserwerb und Bildung, Befähigungserwerb und Arbeit, Ausbildung und Weiterbildung können in verschiedenen sozialen Räumen erworben werden. Soziale Räume können z. B. der Familienverbund, Kindergärten, Schulen, Einrichtung für die Lehrausbildung oder ein Studium an Hochschulen sein Abb. 2.4. Teilhabe und Teilhabechancen sind unter Berücksichtigung der Sozialisierungsphasen und der Räume, die die Sozialisierung bewirkt hat, zu bewerten. Die während der Sozialisierungsphasen erworbenen Bildungsinhalte bestimmen maßgeblich die Teilhabe an gesellschaftlichen Prozessen wie Beschäftigung, Wissenserwerb sowie Teilhabe am kulturellen Leben und weiteren[24] .

---

[24]Zur Vertiefung wird auf Grafe Umweltgerechtigkeit – Wohnen und Energie (2020) verwiesen.

3 Umweltgerechtigkeitsansatz und Arbeitsumwelt als sozialer Raum

Schnittmengen des Umweltgerechtigkeitsansatzes

> „Umweltgerechtigkeit lässt sich soziologisch als Sammelbegriff für eine Vielzahl von Forschungen aus unterschiedlichen „Einzugsgebieten" – also, als einen transdisziplinären Ansatz begreifen". (nach Groß 2006 geringfügig verändert)

Das Thema Umweltgerechtigkeit stellt die Schnittstelle von Umweltpolitik, Gesundheitspolitik und Sozialpolitik dar. Es befasst sich mit der sozialbedingten ungleichen Verteilung von Umweltbelastungen und ihren Auswirkungen auf die Gesundheit und die Chancenungleichheit sowohl beim Wissens- als auch beim Befähigungserwerb Abb. 2.6. Er inkludiert dabei auch den Bildungserwerb. Die wissenschaftliche Befassung mit dem Themenfeld „Umweltgerechtigkeit" unter Einbindung des von *Bourdieu* definierten Konzepts „Der Soziale Raum" ermöglicht einen umfassenden Ansatz für Untersuchungen von Zusammenhängen unterschiedlicher umweltlicher Räume. Eine zentrale Rolle spielt dabei die Teilhabe (vgl. Abb. 3.1).

Das transdisziplinäre Forschungsfeld befasst sich mit dem Geflecht von Umweltgerechtigkeit und Sozialisation mit Fokus auf den Menschen im Geflecht von Wissen, Bildung und Teilhabe Abb. 2.1. Dabei geht es um Chancen, an Angeboten moderner Gesellschaften wie Arbeits-, Erholungs-, Freizeit- und gesellschaftspolitischen Aktivitäten teilzunehmen und sich einzubringen.

R. Grafe, *Umweltgerechtigkeit: Wissens- und Bildungserwerb, Teilhabe und Arbeit,* essentials, https://doi.org/10.1007/978-3-658-32098-0_3

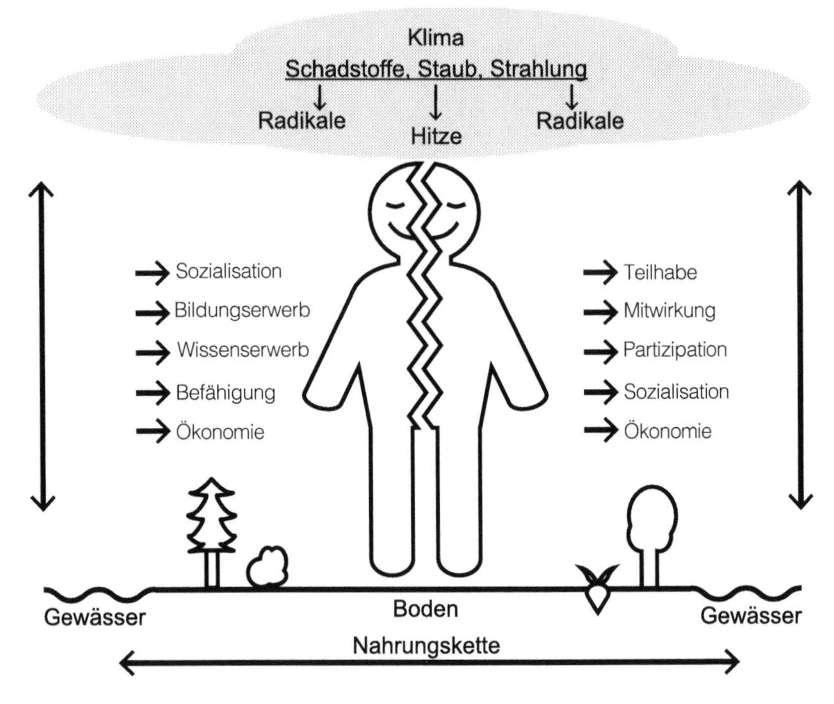

Abb. 3.1 Der Mensch im Zentrum von Sozialisation und Teilhabe

3.1 Zukunftsfähige Wissens- und Bildungsvermittlung

Bildungs- und Wissensvermittlung mit Fokus auf die neuen Arbeits(um)welten

> „Gut ausgebaute Erziehungs- und Bildungsinfrastrukturen und qualitative hochwertige Bildungs- und Ausbildungsprogramme können eine entscheidenden Beitrag leisten, um Armut, soziale und wirtschaftliche Ausgrenzung zu vermeiden oder abzumildern". (Gast 2020)

Mit der Veränderung der Arbeitswelt, geht auch eine Veränderung in der Wissens- und Bildungsvermittlung einher. Die für einen erfolgreichen Start in die neue Arbeitswelt notwendigen Wissens- und Bildungskomponenten verlangen nach einer neuen Vermittlungsphilosophie und -technik. Eine der

Schlüsselkompetenzen für die Wissensgesellschaft ist die Fähigkeit und der Wille für lebenslanges Lernen. Eine zentrale Funktion wird für diesen Ansatz das erfahrungsbezogene Lernen spielen, das gleichzeitig Bildungsaspekte antizipiert. Institutionelle Bildungseinrichtungen müssen in diesen Veränderungsprozess einbezogen werden Abb. 2.6. Die Anforderungen der Wissensgesellschaft generieren einen Paradigmenwechsel im sogenannten Bildungssystem. Um dieser Herausforderung gerecht werden zu können, bedarf es qualitativ hochwertiger und gut ausgebauter Bildungsinfrastrukturen. Im Zuge dessen werden die Aufgaben und die Arbeitsfelder von Lehrenden sich ändern, weil neue Kompetenzfelder in die Lehre eingebaut werden müssen. Es wird notwendig werden, neue Organisationseinheiten, die der Unterstützung der Lehrenden dienen, aufzubauen. Präsenzunterricht oder -seminare werden zukünftig mit digitalen Lernmethoden unterstützt werden. Damit können der Erwerb von Schlüsselkompetenzen wie selbstorganisiertes und selbstbestimmtes lernen und erlernen vorbereitet und verstetigt werden.

▶ Selbstbestimmtes Lernen muss als expansives Lernen, das im Rahmen von formal vorgegebenen Lerninhalten erworben wird, verstanden werden. Es dient insbesondere dem Befähigungserwerb, selbstorganisiert zu lernen und dient der Orientierung bei der Berufs- und Studienwahl. Selbstbestimmtes Lernen impliziert bildungstypische Komponenten.

Die Diskussion zum Begriff selbstbestimmtes Lernen hat in der Vergangenheit zu vielfältigen Irritationen geführt. Vorstellungen wie, dass nunmehr jeder sagen kann, was er lernen will oder was nicht bis hin, dass eine zielgerichtete Wissensvermittlung obsolete wird, führten zu heftigen Auseinandersetzungen. Selbstbestimmtes Lernen besteht darin, selbst zu entscheiden, wie das formale Wissen erweitert wird – expansives Wissen erworben wird. Dabei geht es um die Verwirklichung eigener Interessen und um Orientierung. Das bedeutet, dass auf der Basis von vorgegebenen Lehrinhalten mit Unterstützung und Motivation durch die Lehrenden expansives Wissen erworben wird. Als Beispiel kann dafür herangezogen werden, dass der Lehrstoff mit Vorträgen oder kleineren Arbeiten, deren Themen selbstgewählt sind, jedoch zum Lehrinhalt gehören, unterstützt wird. Sie können in eine Unterrichtstunde, ein Seminar oder eine seminaristische Lehrveranstaltung eingebunden werden. Das bedeutet auch, dass der Vortragende sein zusätzliches Wissen mit der Gruppe teilt. So wird das expansiv erworbene Wissen zu einem Mehrwert für alle Lernenden – nicht nur für den Vortragenden. Dieser Mehrwert umfasst im Wesentlichen:

- Fähigkeit des Verbindens von Lernen und Anwenden,
- Erwerb von Anerkennung und Selbstbewusstsein,
- Erlernen des Umgangs mit dem eigenen Zeitfenster,
- Selbsterkenntnis durch Lernfortschritte,
- Kommunikations- und Präsentationfähigkeit (Faulstich 2017).

Die Bedeutung der Fähigkeit von selbstorganisiertem Lernen hat sich in der vor kurzem aufgetretenen Schließung von Schulen/Hochschulen infolge der Corona-Pandemie deutlich gezeigt. Nun muss nicht unbedingt eine Krisensituation dazu führen, dass über selbstbestimmtes bzw. selbstorganisiertes Lernen neu nachgedacht wird, aber es ist ein Impuls in die Richtung von Einführung und Nutzung neuer digitalgestützten Lernmethoden zu spüren. Selbstlernen wird mit großer Sicherheit ein Bestandteil von zukünftigem Wissenserwerb sein, wobei sich Selbstlernphasen in den normalen antizipativen Wissenserwerb einbinden werden. Eine Vielzahl von Schülerinnen und Schülern haben infolge der „Corona-Krise" Selbstlernphasen aktuell erlebt, d. h. neues Wissen durch Selbstlernen erworben. Nicht immer haben das alle gleichermaßen gut bewältigt. Sie waren auch nicht darauf vorbereitet. Aber nicht nur die Lernenden waren nicht darauf vorbereitet, oft waren es die Lehrenden auch nicht. Trotzdem ist der Anstoß in Richtung verstärktes Selbstlernen mit Hilfe von digitalen Medien bzw. Informationstechnologien angekommen. Natürlich ist der Einsatz von digitalgestützten Lernmedien nicht für alle Klassenstufen gleichermaßen gut geeignet. Von großer Bedeutung sind Umgang und Nutzung in den höheren Klassenstufen, an Hochschulen, Weiterbildungseinrichtungen, Abendschulen und weiteren.

Die digitalisierte Lernmethoden in und für die Wissenswelt

> „*Blended Learning*[1] gilt als ein Schlüsseltrend für den Einsatz von Technologien im Hochschulbereich, da es u. a. ein zeit- und ortsunabhängiges Lernen, eine bessere Differenzierung und gute Zugänglichkeit der Lernmaterialien ermöglicht. Gerade mit Blick auf diese Potenziale kommt den Selbstlernphasen in Blended-Learning-Kursen eine wichtige Rolle zu". (Würfel 2017)

Der Umfang von Selbstlernphasen ist im Vergleich zur normalen Schulausbildung in Hochschulen, Abendschulen, Fernuniversitäten und weiteren Weiterbildungs-

[1]Blended Learning: inter- und transdisziplinäre Gruppenarbeit mit Hilfe digitaler Methoden und Techniken gekoppelt mit Präsenzveranstaltungen.

institutionen sehr viel größer. Allerdings muss spätestens in den Sekundarschulen die Selbstlern- und Medienkompetenz erworben werden, damit eine weitere Ausbildung erfolgreich begonnen und abgeschlossen werden kann. Insofern ist die Ausstattung mit geeigneten Instrumenten der Informations- und Kommunikationstechnik auch dort von Dringlichkeit. Die Kombination aus Präsenzveranstaltungen, wie Seminare, Workshops, aber auch das Arbeiten in technischen oder Freiluftlaboren mit gruppenbezogenem *eLearning* ermöglicht Fachwissenserwerb und Bildungskompetenzen, wie Kooperationsfähigkeit, Sozialkompetenz, Organisationskompetenz und ggf. interkulturelle Kompetenz. Die Nutzung von Technologien der Informations- und Kommunikationstechnik beim Erwerb von Wissen und Bildung wird zukünftig in allen Stadien von Wissenserwerb und Sozialisation von Bedeutung sein, da der Anteil antizipierter Fähigkeiten und Fertigkeiten groß ist. Da der Wandel zur Wissensgesellschaft auch zu einem Wandel des ökonomischen Systems führt, darf dieses nicht unreflektiert von der Wirklichkeit der Lebensumwelt der bleiben. Als Beispiel seien die Dienstleister im Wirtschaftssegment „Der Ökonomie des Teilens" (engl. *Share Economy*) genannt, die ausschließlich digitale Plattformen für ihr Geschäftsmodell nutzen. Dazu gehören z. B. Wohnungsanbieter, Anbieter von Hotelunterkünften und weitere. Es kommt in diesem Zusammenhang auch darauf an, Heranwachsende frühzeitig auf den Wandel von Arbeitswelt und dem sich ändernden ökonomischen System vorzubereiten. Denkbar wären in diesem Zusammenhang Kooperationen zwischen Wirtschaftsunternehmen und Bildungseinrichtungen, aber auch solche zwischen Gymnasien und Hochschulen.

3.2 Die Arbeitswelt von morgen im Spannungsfeld von Digitalisierung und demografischem Wandel

> „Über die Generation von morgen, also die Jugend von heute, wird seit Menschengedenken diskutiert. „Keinen Respekt" habe sie, denn „früher sei alles besser" gewesen. Doch was ist dran am Bild der kommenden Generation, und in welchem ökonomischen und gesellschaftlichen Umfeld wird sie agieren". (Zibrowius 2012)

Zukünftige Generationen werden sowohl in der Arbeitsumwelt, die von Digitalisierung dominiert sein wird, als auch in ihrer Lebensumwelt, die ebenfalls dieser unterliegt, betroffen sein. Beide Welten werden miteinander weit-

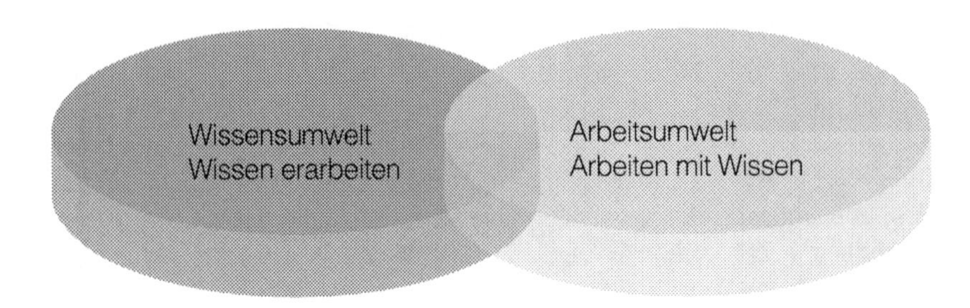

Abb. 3.2 Wissenswelt: Schnittstelle von Arbeit, Wissensanwendung und Wissenserwerb

gehend verschmelzen[2]. Die Arbeitsumwelt wird zunehmend zu einem großen Teil der Lebensumwelt werden, wobei die jeweilige Trennschärfe zwischen beiden beliebig sein wird. Eine Trennung von Lebensumwelt von der Arbeitsumwelt, wie herkömmlich noch üblich, wird in vielen Bereichen verschwinden. Die Arbeitsmodelle, die sich aufgrund der Digitalisierung entwickeln, werfen Fragen nach Mobilität und Flexibilität auf. Das betrifft nicht nur die Art und Weise, wie mit Wissen gearbeitet wird, sondern auch die Art und Weise wie gelernt wird – wie Wissen erarbeitet wird (vgl. Abb. 3.2).

Die Vorbereitung auf diesen Prozess obliegt überwiegend den institutionellen Bildungseinrichtungen Abschn. 2.3. Im Hinblick auf die Überschneidung der Generationen in der Arbeitswelt ist es erforderlich, betriebliche Weiterbildungskonzepte zu entwickeln, die geeignet sind, Lücken, die sich im Hinblick auf digitale Fähigkeiten und Fertigkeiten von Beschäftigten auftun, zu schließen. Ziel muss es sein, den Erfahrungsschatz der einen Generation mit dem frischen Wissen der anderen Generation synergistisch zu verknüpfen. Generationsübergreifende Fort- und Weiterbildung als ein Segment der Arbeitskultur im Unternehmen birgt die Möglichkeit eines zielführenden Miteinander und der Akzeptanz. Von Bedeutung ist dabei auch, dass die Ablösung der einen Generation durch die andere ausschließlich über definierte gemeinsame Zeitfenster erfolgt, weil nur so die Erfahrungen und das Wissen weitergegeben werden kann und gleichzeitig der Abgang mit einem Wissenszuwachs erfolgt, der von psychologischer Relevanz ist und dazu führt, dass sich aus dem Abgang ein neuer Anfang generiert.

[2]Zur Vertiefung wird auf Grafe Umweltgerechtigkeit: Aktualität und Zukunftsvision (2020) verwiesen.

Politische Instrumente im Kontext mit Bildung, Teilhabe und Arbeit

> „Nachhaltige Entwicklung (engl. *sustainable development)* bezeichnet eine Entwicklung, die den Bedürfnissen der jetzigen Generation dient, ohne die Möglichkeiten künftiger Generationen zu gefährden". (*Brundtland Commission* 1987)[3]

Die Weltkommission für Umwelt und Entwicklung veröffentlichte 1987 einen nach ihrem Vorsitzenden, Gro Harlem Brundtland, benannten Bericht unter dem Titel *„Our CommonFuture"* (dtsch. Unsere gemeinsame Zukunft). Der *Brundtland-Bericht* der Weltkommission für Umwelt und Entwicklung enthielt erstmals eine konkrete Definition des Begriffs „Nachhaltige Entwicklung". Seither hat sich der Begriff der Nachhaltigkeit in allen Lebensbereichen etabliert. Nachhaltigkeit und Zukunftsfähigkeit stehen im Kontext für den vorsorglichen Umgang mit natürlichen Ressourcen der Welt, zu denen auch die Lebensumwelt der Menschen mit all ihren Facetten zählt. Auch der ganzheitliche Begriff der Umwelt macht das sehr deutlich. Der sich aus dem Spannungsfeld von Chancengleichheit und Chancenungleichheit heraus entwickelte Ansatz der Umweltgerechtigkeit umfasst demzufolge Themenfelder der Nachhaltigkeit wie

- Schutz der Umweltkompartimente[4],
- Chancengleichheit für Wissens-, Bildungs- und Befähigungserwerb,
- Teilhabe an Arbeit und der Zivilgesellschaft.

Insofern gehören auch die Arbeitsumwelten inkl. der Wissensumwelten dazu. Es wird zukünftig mehr denn je notwendig sein, einen transdisziplinären Ansatz für die wissenschaftliche Forschung und Bewertung der sich wandelnden Gesellschaft zu wählen, um zukunftsfähiges politisches Handeln zu ermöglichen.

Umweltgerechtigkeit im Kontext mit Bildung, Teilhabe und Arbeit – subsumiert

- Schaffen von Chancengleichheit beim Wissenserwerb unabhängig vom sozioökonomischen Status

[3]Namensgeber: Go Brundtland, Leiter der Kommission für Umwelt und Entwicklung.

[4]Zur weiteren Vertiefung wird auf Grafe Umweltgerechtigkeit: Aktualität und Zukunftsvision (2020) verwiesen.

- Schaffen von Chancengleichheit durch formale, non-formale und informelle Bildung mithilfe einer verbesserten Infrastruktur inkl. digitaler Medien und Technologien
- Schaffen von Chancengleichheit beim Befähigungserwerb durch Wissens- und Bildungserwerb unter Einbeziehung von Schlüsselkompetenzen für die Wissensgesellschaft
- Mitgestalten der Wissensgesellschaft durch Teilhabe aller. ◀

Offene – Handlungsfelder Legislative und Politics „Für die Zukunftsfähigkeit der Gesellschaft bedarf es Chancengleichheit für Wissens-, Bildungs- und Befähigungserwerb auf der Basis von Infrastrukturgerechtigkeit. Dafür gilt es, einen Rechtsrahmen für eine bessere Wissens- und Bildungsvermittlung zu schaffen". (Grafe 2020)

- Schaffung eines rechtsverbindlichen Rahmens für qualifikationsgleiche Schulabschlüsse und Harmonisierung der Wissensabschlüsse für den Zugang zu Hochschulen und anderen weiterführenden Bildungseinrichtungen Abschn. 2.1.
- Sicherstellung von Kontinuität in der Wissensvermittlung und Ausbildung – Verzicht auf Experimente Abschn. 2.1
- Schaffung eines Rechtsrahmens für Zusammenarbeit und Austausch von Wirtschaft und den Institutionen der formalen Wissens- und Bildungsvermittlung.
- Ausweitung der Kooperation von Hochschulen und Universitäten mit den allgemeinbildenden Schulen und Gymnasien z. B. durch beidseitigem Mentoring Austausch.

Die Herausforderungen und Aufgaben, die sich aus der Implementierung des Themenfeldes Umweltgerechtigkeit – Bildung, Teilhabe und Arbeit ergeben, sind nur mithilfe einer konsensfähigen Zusammenarbeit zwischen Verantwortlichen aus Politik, Wissenschaft und der Zivilgesellschaft möglich. Schlüsselfunktionen kommen in diesem Kontext der transdisziplinären Forschung in den Erziehungs-, Bildungs- und Sozialwissenschaften zu.

Zusammenfassung und Option 4

Bildung, Teilhabe und Arbeit im Kontext mit Umweltgerechtigkeit Unter Einbeziehung des ganzheitlichen Ansatzes für den Begriff *Umwelt* und dessen Erweiterung um die unterschiedlichen sozialen Räume ist Bildung gepaart mit Wissen, Chancengleichheit und Teilhabe neu zu interpretieren. Dies insbesondere, weil sich die aktuell wandelnde postindustrielle Wirtschaft hin zur Dienstleistungsgesellschaft starke gesellschaftliche Veränderungen mit sich bringt und herkömmliche institutionelle Bildungsmodelle infrage stellt. Bildung ist und bleibt Sozialraum dominiert, wobei die jeweiligen sozialen Räume im Zeitfenster eines Lebens unterschiedliche sein können. Dem jeweiligen *Sozialen Raum* kommt eine zentrale Rolle für Wissens- und Bildungserwerb zu. Wissenserwerb und formaler und non-formaler inkl. informeller Bildungserwerb sind neu zu definieren. Chancengleichheit und Teilhabe werden zukünftig darüber entscheiden, wie zukunftsfähig eine Gesellschaft ist. Die Orte für den Bildungserwerb werden sich ändern. Sie werden mehrheitlich im *Sozialen Raum* Arbeitswelt liegen. Infolge der zunehmenden Gentrifizierung der Gesellschaft hat die Arbeitsumwelt zunehmend eine deutlich höhere Verantwortung für die Vermittlung bildungstypischer Komponenten. *Christoph Kabas*[1] hat die gegenwärtigen und zukünftigen Veränderungen im gesellschaftlichen Wandel als „Schöne neue Arbeitswelt" in Anlehnung an *Aldous Leonard Huxleys*[2] „Schöne neue Welt" genannt. Die Informations- und Kommunikationstechnik mit ihren

[1] Christoph Kabas: „Schöne neue Arbeitswelt – Veränderung und zukünftige Entwicklung und die damit verbundenen Folgen" (2007). Es wird auf Kap. 3 und 5 verwiesen.

[2] Aldous Huxley (1894–1963) britischer Schriftsteller und Universalgelehrter schrieb den dystopischen Roman „Schöne neue Welt".

R. Grafe, *Umweltgerechtigkeit: Wissens- und Bildungserwerb, Teilhabe und Arbeit,* essentials, https://doi.org/10.1007/978-3-658-32098-0_4

Technologien haben einen rasanten Aufstieg erlebt, der tiefgreifende Veränderungen sowohl in der Arbeitswelt als auch in der ganz normalen Lebensumwelt der Menschen provoziert hat. Der gesellschaftliche Wandel hat neue Bedürfnisse und neue Herausforderungen mit sich gebracht. Wissen ist zur Ware geworden, die bereitgestellt bzw. gekauft wird. Die Läger für diese Ware sind Datenbanken. Software-Pakete bestimmen nicht nur den Alltag der Menschen sondern sie sind essentieller Bestandteil aller Wirtschafts- und Wissenschaftsbereiche – der Wissenswelt. Die neuen Technologien haben nicht nur tief in die Gesellschaftsstrukturen eingegriffen, sondern sie haben auch einen gesellschaftlichen Wertewandel, insbesondere was die Arbeitswelt angeht, hervorgerufen. Arbeit wird als Informationspool verstanden. Wissen ist überall vorrätig und zugängig – Wissen ist käuflich.

Was Sie aus diesem *essential* mitnehmen können

- Die Lebensumwelt mit ihren unterschiedlichen sozialen Räumen ist von immanenter Bedeutung für Bildung und Chancengleichheit
- Zunehmende Gentrifizierung erfordert zukunftsfähige Modelle sowohl für die formale-, non-formale als auch informelle Bildung
- Die Sozialisation in der Arbeitsumwelt wird zukünftig mehr und mehr von neuen Kompetenzfeldern bestimmt sein
- Wissen wird zunehmend zur Ware und wird als solche gekauft und verkauft
- Althergebrachte Arbeitsmodelle werden in sehr kurzer Zeit vom Arbeitsmarkt verschwinden

R. Grafe, *Umweltgerechtigkeit: Wissens- und Bildungserwerb, Teilhabe und Arbeit,* essentials, https://doi.org/10.1007/978-3-658-32098-0

Quellenverzeichnis

AK [Arbeiterkammer Österreich] (2011) Online-Portal, Pressekonferenz, online unter https://www.arbeiterkammer.at/interessenvertretung/wirtschaft/wirtschaftkompakt/sozialstaat/Sozialstaat_reduziert_Armut_erheblich.html (Zugegriffen: 04. Juli. 2020)

Aristoteles (ca. 400 v. Chr.) Metaphysik In: Ders: Philosophische Schriften, (1993) Bd. 5 Hamburg (Zugegriffen: 09. Juni 2020)

Baer, S. (2016) Humboldt Universität, Berlin website: https://www.rewi.hu-berlin.de/de/lf/ls/bae/wissen/intertransdisziplinaritaet/index.htm (Zugegriffen: 07. Juni 2020)

Bax, M. (2020) In: Wissen Online: https://www.bildungsxperten.net/autor/mbax/ (Zugegriffen: 08. Juni 2020)

Bendel, O. (2019) Was ist Bildung? In: Gabler Wirtschaftslexikon, Online: https://wirtschaftslexikon.gabler.de/definition/bildung-100060/version-370844 (Zugegriffen: 20. Juni 2020)

Bohr, N. Biographie, Online: https://dibb.de/bohr.php (Zugegriffen: 06. Juni 2020)

Bourdieu, P. F. (1985) Sozialer Raum und Klassen, Suhrkamp, Frankfurt am Main, ISBN-13: 9783518281000, ISBN-10: 3518281003

Bourdieu, P. F. Paserron, J. C. (1964) Les héritiers: Les étudiants et la culture; Les Editions de minuite, www. leseditionsdeminuite.fr, ISBN 9782707338129

Brundtland Kommission (1987) Our Common Future. (Hrsg.) Hauff, V., Oxford University Press

Bunge, Ch. (Hrsg) (2012) Die soziale Dimension von Umwelt und Gesundheit. In: Umweltgerechtigkeit (Hrsg.) Mielck, A. Hans Huber Verlag Bern

Dewilde, C. (2003) A life course perspective on social Exclusion and Property. British Journal of Sociology 54 (1), In: Hübgen, S. (2020) Armutsrisiko – Alleinerziehen: Die Bedeutung von sozialer Komposition und institutionellen Kontext in Deutschland, Budrich Uni Press, Opladen, Berlin, Toronto ISBN 978-3-86388-818-3, ISBN 978-3-86388-448-2 DOI 10.3224/86388818, https://doi.org/10.3224/86388818 (Zugegriffen 04. Juli 2020).

Engels, F. (1886) Dialektik der Natur, In: Marx – Engels – Werke. Bd. 20 S. 305–570, Dietz Verlag, Berlin 1962

Faulstich, P. (2017) Selbstbestimmtes Lernen und Professionalität in der Erwachsenenbildung In: Selbstbestimmt lernen – Selbstlernarrangements gestalten. Innovationen

R. Grafe, *Umweltgerechtigkeit: Wissens- und Bildungserwerb, Teilhabe und Arbeit*, essentials, https://doi.org/10.1007/978-3-658-32098-0

für Studiengänge und Lehrveranstaltungen mit kostbarer Präsenszeit.(Hrsg.) Armborst-Weihs, P. et al. Münster, New York: Waxmann. URN:urn:nbn:de:0111-pedocs-156600 https://nbn-resolving.de/urn:nbn:de:0111-pedocs-156600, Online: https://www.pedocs.de/volltexte/2018/15660/pdf/Armborst-Weihs_Boeckelmann_Halbeis_2017_Selbstbestimmt_lernen.pdf

Finke, K. (2005) Vortrag: Tagung der Fuerst Donnersmark Stiftung in Kooperation mit dem Landesverband der Volkshochschulen und der Friedrich-Ebert-Stiftung, Online: https://www.fdst.de/aktuellesundpresse/imgespraech/wasbedeuteteigentlichteilhabe/ (Zugegriffen: 06. Juni. 2020)

Freitag, H. W. Schulz, A. (2018) Der sozioökonomische Status der Schülerinnen und Schüler in Deutschland, Online: https://www.bpb.de/nachschlagen/datenreport-2018/bildung/277991/der-soziooekonomische-status-der-schuelerinnen-und-schueler (Zugegriffen: 20. Juni 2020)

Funke, C. (2017) Gerechtigkeit. Ein philosophischer Überblick für Pädagogen, Berater und Sozialarbeiter, Springer DOI 10.1007/978-3-658-16476-8_1, https://doi.org/10.1007/978-3-658-16476--8_1

Gast, E. M. (2020) Das Grundrecht auf Bildung, Reihe: Schriften zur Rechtswissenschaft, zgl Dissertation Freie Universität Berlin (2018), Wissenschaftlicher Verlag Berlin, ISBN 978-3-96138-140-1 https://www.lehmanns.de/shop/sozialwissenschaften/49886322-9783961381401-das-grundrecht-auf-bildung

Grafe, R. (2020) Umweltgerechtigkeit – Wohnen und Energie, Springer Wiesbaden, ISBN 978-3-658-30593-2, ISBN 978-3-658-30592-5, DOI 10.1007/978-3-658-30593-2, https://doi.org/10.1007/978-3-658-30593-2

Grafe, R. (2020) Umweltgerechtigkeit: Aktualität und Zukunftsvision, Springer Wiesbaden, eISBN 978-3-658-29083-2, ISBN 978-3-658-29082-5, DOI 10.1007/978-3-658-29083-2, https://doi.org/10.1007/978-3-658-29083-2

Groß, M. (2011) Handbuch Umweltsoziologie, Springer Fachmedien, ISBN 978-3-531-17429-7, ISBN 978-3-531-93097-8, DOI: https://doi.org/10.1007/978-3-531-93097-8, Online: https://link.springer.com/book/10.1007/978-3-531-93097-8 (Zugegriffen: 07. Juli 2020)

Habermas, J. (1981) Theorie des kommunikativen Handelns, 2. Bd. Frankfurt/Main

Hradil, S. (2016) Soziale Ungleichheit, soziale Schichtung und Mobilität. In: Korte H., Schäfers B. (Hrsg.) Einführung in Hauptbegriffe der Soziologie. Einführungskurs Soziologie. Springer VS, Wiesbaden, DOI 10.1007/978-3-658-13411-2_11, ISBN 978-3-658-13410-5; ISBN 978-3-658-13411-2

Jenks, Ch. J. (2017) Race and Ethnicity in English Language Teaching, Channel View Publication, ISBN 978-1-78309-844-6 Online: https://doi.org/10.1093/ww/978019954884.013.U59662 (Zugegriffen: 12. Juli 2020)

Kabas, Ch. (2007) Schöne neue Arbeitswelt – Veränderung und zukünftige Entwicklung in der Arbeitswelt und die damit verbundenen Folgen In: Psychologie in Österreich Heft 3, https://www.boep.or.at/service/fachzeitschrift-psychologie-in-oesterreich (Zugegriffen: 30. Juni 2020)

Keynes, J. M. (2009) Allgemeine Theorie der Beschäftigung, des Zinses und des Geldes, 11. Aufl. Duncker & Humblot, Berlin 2009, ISBN 3-428-07985-X (Erstausgabe 1936). Palgrave Macmillian, London

Klodt, H. (2018) Dienstleistungsgesellschaft In: Gabler Wirtschaftslexikon, online: https://wirtschaftslexikon.gabler.de/definition/dienstleistungsgesellschaft-29000/version-252620 (Zugegriffen: 06. Juli 2020)

Kössler, H. (1997) Selbstbefangenheit – Identität – Bildung. Beiträge zur Praktischen Anthropologie Deutscher Studien Verlag, Weinheim, ASIN: B00A5B4UGY

Küppers, B.-O. (2008) Nur Wissen kann Wissen beherrschen. Macht und Verantwortung der Wissenschaft, Fackelträger Köln, ISBN 978-3-7716-4360-7

Ladenthin, V. (2008) Bildungsgerechtigkeit. In: Vierteljahresschriften für wissenschaftliche Pädagogik, 85, S. 3–9, BRILL, Ferdinand Schöning

Mack, W. (2014) Bildung in Schule und Jugendhilfe, Soziale Bedingungen von Bildung als Herausforderung und Chance für die Kooperation von Schule und Jugendhilfe In: Die Deutsche Schule 106. Jahrgang 2014, Heft 1, S. 62–71, Waxmann

Mack, W. Poltermann, A. (2007) Lernen im Lebenslauf – formale, non-formale und informelle Bildung – die mittlere Jugend, Online: https://www.renate-hendricks.de/dl/Prof._Mack_-_Lernen_im_Lebenslauf_-_formale,_non-formale_und_informelle_Bildung_-_die_mittlere_Jugend.pdf (Zugegriffen: 24.Juni 2020)

Martin, H. J. Ach, J. S. Anzensbacher, A. et al, (2002) Am Ende (-) Ethik? Begründungs- und Vermittlungsfragen zeitgemäßer Ethik, Martin H. J. (Hrsg.) LIT Vlg. Münster, ISBN 3-8258-5132

Marx, K. (1845)Thesen über Feuerbach In: Marx – Engels – Werke, Band 3, Seite 5ff. Dietz Verlag Berlin, 1969

Maier, G. W. (2018) Sozialisation. In: Gabler Wirtschaftslexikon Springer Fachmedien Wiesbaden https://wirtschaftslexikon.gabler.de/defintionSozialisation-43285 (Zugegriffen: 10. Juni 2020)

Merstens, D. (1974) Schlüsselqualifikationen: Mitteilungen aus Arbeitsmarkt und Berufsforschung. In: Kabas, Ch. (2007) Schöne neue Arbeitswelt – Veränderung und zukünftige Entwicklung in der Arbeitswelt und die damit verbundenen Folgen. In: Psychologie in Österreich Heft 3, https://www.boep.or.at/service/fachzeitschrift-psychologie-in-oesterreich (Zugegriffen: 03.Juli 2020)

Pasarron, J. C. (2009) Die Illusion der Chancengleichheit, Online: https://www.laprocure.com/biographies/Passeron-Jean-Claude/0-1294298.html

Planck, M. Online: https://dibb.de/planck.php (Zugegriffen: 06. Juni 2020)

Poltermann, A. (2013) Wissensgesellschaft, DZB_Poltermann_Wissensgesellschaft.pdf Online: https://www.bpb.de/gesellschaft/bildung/zukunft-bildung/146199/wissensgesellschaft (Zugegriffen: 24 Juni 2020)

Rudnicka, (2019) Online: https://de.statista.com/statistik/daten/studie/255309/umfrage/anteil-der-schulabgaenger-innen-ohne-hauptschulabschluss-in-den-bundeslaendern/

Rutherford, E. Online: https://dibb.de/ratherford.php (Zugegriffen: 06. Juni 2020)

Scheu, B. Autrata, O. (2013) Partizipation und soziale Arbeit: Einflussnahme auf das subjektive Ganze, Springer, ISBN-10: 3658017155 ISBN-13: 978-3658017156

Schirach, v. R. (2013) Die Nacht der Physiker. 5.Aufl. Berenberg, Berlin ISBN 978-3937834-54-2

Stangl, W. (2019) aus Rost, D. H.(Hrsg.) (2019) In: Handwörterbuch der Pädagogik und Psychologie: Online: Lexikon für Psychologie und Pädagogik. https://paedagogik-news.stangl.eu/sozialisation/ (Zugegriffen: 09.Juni 2020)

StBA [Statistisches Bundesamt] (2018) Arbeitsmarkt und Verdienste, Auszug aus dem Datenreport 2018, https://www.destatis.de/DE/Service/Statistik-Campus/Datenreport/Downloads/datenreport-2018-kap-5.pdf?__blob=publicationFile (Zugegriffen: 04. Juli 2020)

Tennenberg, R. (2012) Bildung zum schönen Charakter In: Humboldt: Bildung zwischen Hirn und Herz (Hrsg.) Goethe Institut e. V. München, Online: https://www.goethe.de/wis/bib/prj/hmb/the/158/de10444028.htm (Zugegriffen: 20. Juni 2020)

Ternès, A. Towers, I. Kuprella, E. (2016) Capacity Management im Zeitalter der Wissensgesellschaft: Trends: Wissensmanagement und Ressource Wissen, Springer Fachmedien Wiesbaden, ISSN 2197-6708ISSN 2197-6716, ISBN 978-3-658-12837-1, ISBN 978-3-658-12838-8, DOI 10.1007/978-3-658-12838-8

Vega da, M. (2012) Wie viel Geist benötigt Bildung? In: Humboldt: Bildung zwischen Hirn und Herz (Hrsg.) Goethe Institut e. V. München, Online: https://www.goethe.de/wis/bib/prj/hmb/the/158/de10444056.htm (Zugegriffen: 20. Juni 2020)

Vetter, St.(2020) Arm trotz Arbeit In: Westdeutsche Zeitung, Online:https://www.wz.de/politik/inland/arm-trotz-arbeit-jeder-vierte-armutsgefaehrdete-in-deutschland-hat-einen-job_aid-48961941 (Zugegriffen: 04. Juli.2020)

Weidenbach, B. (2020) Geschätzte Opfer der Atombombenabwürfe auf Hiroshima und Nagasaki, Online: https://de.statista.com/statistik/daten/studie/1086264/umfrage/geschaetzte-zivile-todesopfer-und-verletzte-in-hiroshima-und-nagasaki/ (Zugegriffen: 26. Juli 2020)

Würfel, N. (2017) Gestaltung von Selbstlernphasen in Blended-Learning-Kursen. In: Selbstbestimmt lernen – Selbstlernarrangements gestalten. Innovationen für Studiengänge und Lehrveranstaltungen mit kostbarer Präsenszeit. (Hrsg.) Armborst-Weihs, P. et al., Münster; New York: Waxman URN:urn:nbn:de:0111-pedocs-156600 https://nbn-resolving.de/urn:nbn:de:0111-pedocs-156600

Zibrowius, M. (2016) Generation von morgen: neue Chancen, neue Herausforderungen, In: Neue Werte, neue Gesellschaft, neue Arbeitswelt? (Hrsg.) Roman Herzog Institut e. V., ISSN 1863, ISBN 987-3-941036-52-9

Printed in the United States
By Bookmasters